变电站智能巡检机器人

国网浙江省电力有限公司温州供电公司　组编

中国电力出版社
CHINA ELECTRIC POWER PRESS

内 容 提 要

本书共五章，重点介绍了变电站智能巡检机器人的系统功能、项目实施、工程验收、使用经验、运维管理、维护管理及消缺等方面内容，全书图文并茂、语言通俗易懂，具有很强的实用性。

本书可供变电运维人员学习参考，提高变电站智能巡检机器人的应用和管理水平。

图书在版编目（CIP）数据

变电站智能巡检机器人／国网浙江省电力有限公司温州供电公司组编. —北京：中国电力出版社，2019.5（2020.8重印）

ISBN 978-7-5198-2975-9

Ⅰ.①变… Ⅱ.①国… Ⅲ.①机器人—应用—变电所—电力系统运行 Ⅳ.① TM63

中国版本图书馆 CIP 数据核字（2019）第 042484 号

出版发行：中国电力出版社
地　　址：北京市东城区北京站西街 19 号（邮政编码 100005）
网　　址：http://www.cepp.sgcc.com.cn
责任编辑：刘丽平（010-63412342）
责任校对：王小鹏
装帧设计：张俊霞（版式设计和封面设计）
责任印制：石　雷

印　　刷：河北华商印刷有限公司
版　　次：2019 年 5 月第一版
印　　次：2020 年 8 月北京第二次印刷
开　　本：710 毫米 ×1000 毫米　16 开本
印　　张：11
字　　数：168 千字
印　　数：1501—2000 册
定　　价：45.00 元

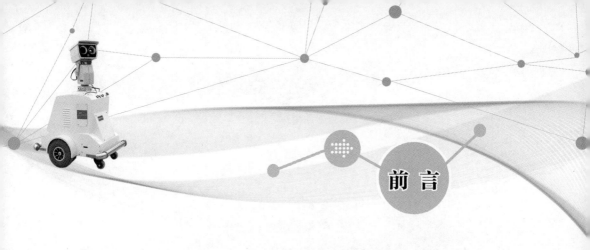

前　言

近年来，随着计算机技术的发展和微机监控技术在变电站的推广使用，变电站智能巡检机器人（以下简称机器人）因其灵活的控制运行方式、不受天气因素影响等优点，开始逐渐应用在无人值班和少人值班变电站中。国家电网公司从 2013 年起开始集中采购机器人并深入推广应用。截至目前，国家电网公司共投入近千台机器人，应用范围已覆盖全国 35~1000kV 各电压等级交直流变电站。但是，现阶段各地区变电站使用机器人存在较大的差异性与不规范性，在机器人的良好使用、优秀功能应用、实用管理方面仍然有待提高，开展系统培训的需求十分迫切。

在此期间，国网温州供电公司积极响应国家电网公司号召，大力推广机器人深化应用。经过 5 年发展，积累了深厚的应用和管理经验，机器人智能化应用水平和精益化管理水平处于国网领先地位。

为推广国网温州供电公司机器人应用先进经验，提高机器人使用管理水平，保证机器人实效化工作质量，国网温州供电公司吸纳全国各地区机器人的应用经验，组织编写了《变电站智能巡检机器人》一书。本书重点介绍了机器人系统功能、项目实施、工程验收、使用经验、运维管理、维护管理及维保消缺等方面的内容。全书图文并茂、语言通俗易懂，具有极强的实用性。希望通过学习本书，变电运维人员能够提高机器人应用和管理水平，及时发现和消除设备缺陷，预防事故发生，确保变电站运行安全。

由于时间和经验所限，书中疏漏在所难免，恳请广大读者批评指正！

编　者

2019 年 3 月

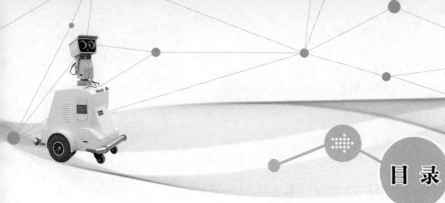

目 录

第一章　概述

传统的变电站巡检方式为人工巡检，存在劳动强度大、巡检效率低、巡检不到位、巡检标准不统一、雨雪恶劣环境下巡检困难等问题，并且依靠巡检人员的感官和经验，很难做到客观、全面、准确的评判，给设备的安全运行留下隐患。

近年来，智能电网建设逐渐深入，传统运维模式已无法满足现代电网的发展需求。机器人的应用在一定程度上实现了运维模式的转变，减轻了运维人员负担，有效保障设备安全可靠运行。

机器人主要应用于变电站室外区域，具有对变电设备进行红外测温、表计读数、设备状态识别、异常状态报警、声音视频采集等功能，后台系统具备实时视频监控、信号互传、信息显示、数据存储和报表自动生成等功能。机器人巡检效率高，可在雨雪高温等恶劣环境下开展巡检，有效提高了变电设备运行可靠性，是今后智能变电站运维技术发展的重点方向之一。

第一节　机器人发展现状

一、国外发展现状

目前国外在变电站巡检机器人应用方面，日本及新西兰有开发及研究报道，并未规模化推广应用。

20世纪90年代，日本研究者率先提出了变电站巡检机器人研究方案，研制出适用于500kV变电站的巡检机器人，如图1.1所示。该巡检机器人基于路面已铺设好的轨道进行巡线行驶，在当时属于非常领先的一台巡检机器人。该机器人通过轨道对自身位置进行限制，在规划好的路径进行连续巡检，由自身配备的图像采集设备实时对变电站内各个需要观测的设备进行图像采集，同时配备的红外热像仪可以对输电线路的热缺陷等问题进行及时检测。由于技术等问题，该台巡检机器人仅在二三所变电站试用，并停止了后续的研发。

图1.1　日本早期研制的500kV变电站巡检机器人

2000年，加拿大魁北克水电研究院研制了一台HQ Line ROVer 巡检机器人，如图1.2（a）所示。该巡检机器人采用轮式结构，机器人小车采用远程视频监控系统，通过操作人员对其位置进行实时监测，从而可在远程对其进行实时操控。同样，巡检小车也搭载了图像采集设备和红外热像仪，实时对变电站内各设施进行监测，监测效果图如图1.2所示。

(a) HQ Line ROVer巡检机器人　　　　　　(b) 巡检机器人监测效果图

图1.2　加拿大魁北克水电研究院研制的机器人

二、国内发展现状

国网山东省电力公司电力科学研究院及下属的山东鲁能智能技术有限公司于1999年开始变电站巡检机器人研究，是国内最早涉足于该领域的研究单位。2005年，研制出我国首台可以投入使用的变电站巡检机器人，后续在国家"863项目"支持和国家电网公司多方支持下，研制出了系列化变电站巡检机器人，如图1.3所示。山东鲁能智能技术有限公司综合运用非接触式检测装置、可靠性设计结构、多传感器融合技术的定位导航、视觉伺服云台控制等技术，实现了机器人在变电站室外环境全天候、全区域自主运行，开发了变电站巡检机器人系统软件，实现了设备热缺陷分析预警，开关、刀闸分合状态识别，表计自动读数，设备外观异常和变压器声音异常检测及异常状态报警等功能，在世界上首次实现了机器人在变电站的自主巡检及应用推广，提高了变电站巡检的自动化和智能化水平。

(a) 第一代　　　　　(b) 第二代　　　　　(c) 第三代

(d) 第四代　　　　　(e) 第五代

图1.3　国家电网公司电力机器人技术实验室研制的五代变电站巡检机器人

中科院沈阳自动化所于2012年研制出国内首台轨道式巡检机器人，该巡检机器人的定位由轨道对自身位置进行固定，通过远程控制该机器沿着铺设的轨道进行实时巡检，由车载摄像系统对巡检设备进行视频采集与实时记录。成都慧拓智能机器人公司在2012年研制了一台轮式变电站巡检机器人，现已成功应用在郑州110kV变电站内。该巡检机器人采用射频识别技术（FRID）对自身位置进行定位，可自主运行，也可通过远程操作控制其运行。2012年12月，重庆市电力公司和重庆大学联合研制的巡检机器人在巴南500kV变电站成功试运行，可实现远程监控及自主运行。浙江国自机器人技术有限公司于2014年研制出基于多传感器的适用于远程扫描的巡检机器人，如图1.4（d）所示。该巡检机器人自身配置多个声纳传感器与激光测距传感器，通过周围环境进行测距，应用激光扫描确定障碍物的位置与自身所在位置，并配备远程摄像系统与红外扫描仪，实现在局部区域内的大范围巡检工作。国内科研单位研制的变电站巡检机器人如图1.4所示。

(a) 沈阳自动化研究所轨道机器人 　　　 (b) 成都慧拓变电站机器人

(c) 重庆大学变电站机器人 　　　 (d) 浙江国自巡检机器人

图1.4　国内科研单位研制的变电站巡检机器人

第二节　机器人关键技术

根据当前机器人技术发展现状，变电站巡检机器人所涉及的关键技术主要包括移动机构、导航控制、自主充电及无线通信网络等。

一、机器人移动机构

移动机构的选择关系到运动控制系统的控制策略，是巡检机器人在变电站路况环境下高速、高精度稳定运行的重要基础。按照机器人越障方式不同，其移动机构主要包括轮式、履带式、固定轨道式、仿生腿式及复合式等几类。

1. 轮式机构

轮式机构是日常交通中应用最为广泛的移动机构，其优点在于结构简单、控制方便、机动灵活、传动效率较高，但其地形适应能力相对较差，越障能力及运行平稳性与驱动轮半径大小相关。

2. 履带式机构

履带式机构是工业机械中较为常用的移动机构，具有越障能力强、地面附着能力强、运动平稳等优点，但其结构相对复杂、体积较大、不易转弯、机动性能相对较差。

3. 固定轨道式机构

固定轨道式机构是利用滑轨实现机器人的沿轨道运行，其优点在于具有精确的定位控制和多维度移动能力，空间移动范围广泛，具有较强的环境适应性，但其运行路径较为单一，灵活性较差。

4. 仿生腿式机构

仿生腿式机构是近年来较为热门的研究领域，日本本田、索尼公司及美国波士顿动力公司对仿生腿式机构有着较为前沿的技术研究，其利用多自由度仿生结构使得机器人的运动灵活性及地形环境适应能力得到极大的提高，能够实现非结构地形中的自主移动。然而，受现阶段技术水平限制，当前仿生腿式机构若要实现快速稳定移动，仍然面临很多技术难题，尚无法实现商业化应用及推广。

5. 复合式机构

复合式机构通过对轮—履—腿等单一机构的融合，能够充分发挥各个单一移动机构的优点，实现更强的地形环境适应性和运行控制灵活性，但其移动控制较为复杂，且实际使用中需要针对不同的应用场合设计不同的复合模式，技术通用性相对较差。

二、机器人导航控制技术

目前应用于移动机器人的导航控制技术有多种，主要包括视觉导航、激光反射导航、惯性导航、GPS 导航、磁轨道导航及SLAM导航等。

1. 视觉导航

视觉导航是通过移动摄像机实现视觉图像的实时监视和识别，在关联机器人实际位置的基础上完成自主导航定位。该方法的优点是获取信息量大，实现成本低，但由于图像处理计算量大，实时性较差，且容易受到环境光照、烟雾等因素影响，因此常用于与其他导航技术的融合。

2. 激光反射光导航

激光反射光导航是利用激光扫描周边环境，并通过计算反射光的接收时间来推算物体与机器人之间的距离从而实现导航定位。其优点是平行性好、距离分辨率高，但容易受周围环境的干扰，测距范围有限，完全依靠激光实现导航定位比较困难。

3. 惯性导航

惯性导航利用惯性元件（如加速度计、陀螺仪等）来测量运动物体的加速度和运动方向，经过积分运算得到速度和位置。其特点是工作过程中不依赖外部信息，但存在误差累积，需要定期对其累积误差进行校正。

4. GPS 导航

GPS（Global Positioning System，全球定位系统）导航是最为常用的导航控制技术，在机器人导航中，一般采用差分 GPS 导航，但其定位精度受卫星信号影响较大，定位精度相对较低。

5. 磁轨道导航

磁轨道导航是早期变电站巡检机器人应用较多的一种导航方式，通过地面预埋磁条及RFID（Radio Frequency Identification，无线射频识别）标签可实现移动机器人的精确导航定位。其优点是技术成熟可靠，定位精度较高，但灵活性较差，移动路径单一，且后期扩展和维护工作量较大。

6. SLAM 导航

SLAM（Simultaneous Localization and Mapping，即时定位与地图构建）技术早期主要应用于军事领域，近年来逐步在机器人领域得到应用。基于激光雷达的Lidar SLAM 技术具有导航精度高、环境适应能力强等特点，使其在无人驾驶汽车及智能机器人导航定位中得到了广泛应用。但是由于激光雷达的造价较高，且在使用前需制定精确的电子地图，在一定程度上限制了其应用范围。

三、机器人自主充电技术

变电站巡检机器人大都采用磷酸铁锂电池供电，为满足巡检机器人长时间、不间断工作的供电需求，需要为巡检机器人设置一套高效、可靠的自主充电解决方案。目前自主充电技术主要有接触式自主充电、光能自主充电及非接触式自主充电等。

1. 接触式自主充电

接触式自主充电利用导航定位技术实现机器人本体及固定接口之间的自动定位和连接，在采用激光定位的情况下，其充电接头之间的定位精度较高，且具备较高的误差容忍度。

2. 光能自主充电

光能自主充电利用太阳能光电转换实现机器人的自主补能，由于其实现成本低，技术成熟，在能源行业得到了较为广泛的应用。但当前太阳能光电转换效率较低，采光板整体面积较大，难以应用于移动机器人自主充电。

3. 非接触式自主充电

非接触式自主充电是通过无线感应方式实现能量的传输，从实现原理来看，当前主要有电磁感应、磁共振、微波无线充电三种方式。非接触式充电能有效避免自主式充电的接口磨损及污秽问题，且实现简单，但当前各类非接触式自主充电功率较小，因此一般应用于手机、电动牙刷等小型家电领域。

四、机器人无线通信网络

由于变电站巡检机器人在进行站内作业时需要时刻与后台系统进行信息交互，为保障巡检机器人的正常运行，必须提供高速、稳定、可靠的无线通信传输通道。根据当前无线通信传输技术的发展水平，可提供高带宽的无线通信技术主要有WiFi、UWB及LiFi等。

1. WiFi（WirelessFidelity）

WiFi采用IEE 802.11标准协议，属于短距离无线载波通信技术，其优点是覆盖范围广、传输速率快，可在百米范围内提供11~600Mbit/s的数据传输速率，且支持无线桥接和Mesh组网传输，但其运行功耗较高。

2. UWB（Ultra Wide Band）

UWB采用无载波通信技术，其发射功率较低，具有高量级频带宽和极高的通信安全性，可实现10m范围内480Mbit/s的数据传输率，但其终端支持较少，传输距离较短，主要应用于移动机器人室内定位。

3. LiFi（Light Fidelity）

LiFi是一种采用光谱而非无线电波作为载体的数据传输方式，具有绿色环保、不占用无线电频带资源且保密性高等优点，可在短距离内实现1000Mbit/s以上的传输速率。但该技术当前仍然处于研究阶段，尚未出现正式应用。

第二章　机器人巡检系统及功能

机器人在变电站的功能应用需依托机器人巡检系统，响应变电站内各类工作需求，充分利用机器人替代或协助人员完成相关事务。本章介绍机器人系统的组成及其功能。通过本章的学习，能够了解机器人系统的组成及其功能应用，掌握机器人监控后台的操作。

第一节　机器人巡检系统

机器人巡检系统是以智能巡检机器人为核心，利用磁导航、激光导航等定位方式，搭载可见光相机、红外热像仪等传感检测设备，利用图像识别、红外带电检测、自动充电等自动化、智能化技术，通过自主或遥控模式实现对变电站设备、环境智能巡检的系统。

机器人巡检系统主要由智能巡检机器人、监控后台、无线基站、充电室等设备组成。系统结构图如图2.1所示。

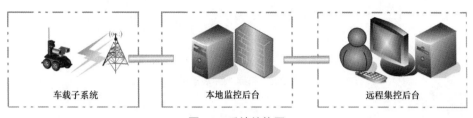

车载子系统　　　　本地监控后台　　　　远程集控后台

图2.1　系统结构图

一、机器人本体

目前应用在变电站中的巡检机器人有多种型号，不同型号机器人的外观样式稍有差异，但其基本组成部件大体相同，主要包括传感单元、导航单元、控制单元、驱动单元和供电单元。下面以GE ROBOT-PATROL-Ⅲ型巡检机器人（见图2.2）为例介绍各部件基本情况。

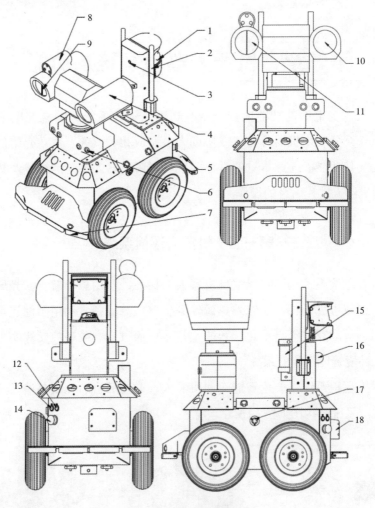

图2.2　机器人外观图解

1—激光传感设备；2—天线；3—拾音设备；4—云台；5—后碰撞设备；6—超声传感设备；7—前碰撞设备；8—夜间照明设备；9—雨刷；10—红外热成像仪；11—可见光摄像仪；12—模式开关；13—电源开关；14—急停开关；15—音箱；16—警示灯；17—手动充电接口；18—风扇

（一）传感单元

传感单元是机器人与外界交互信息的重要组成单元，主要包括可见光摄像机、红外线热像仪、数字云台、安全防护传感器等模块，实现可见光检测、红外测温、表计读取、防碰撞等功能。

图2.3　可见光摄像机

1.可见光摄像机

可见光摄像机（见图2.3）通常采用工业级高清晰彩色摄像机，主要用于变电站设备的图像拍摄及高清视频监控。为满足现场巡检需求，目前常采用的摄像机像素为200万，分辨率为1920×1080，光学变焦倍数为30倍。

2.红外热像仪

图2.4　红外热像仪

红外热像仪（见图2.4）通常采用非制冷焦平面型热像仪，主要用于变电站设备实时热图像的采集，并且通过对温度测量数据的分析来实现设备异常发热报警。通常采用的红外热像仪分辨率为320×240，测温范围为-20~+350℃。

图2.5　数字云台

3.数字云台

数字云台（见图2.5）通常采用室外全方位一体化数字云台，主要用于搭载可见光摄像机及红外热像仪，实现对可见光摄像机、红外热像仪拍摄角度的精确定位及转向控制。目前常采用的数字云台可支持拍摄镜头垂直方向±90°和水平方向±180°旋转。同时，云台配备照明设备，方便夜间巡检时对可见光图像拍摄。配备自动雨刷设备，减小室外雨雪天气对镜头画面的影响。

4.安全防护传感器

巡检机器人安全防护传感器主要用于机器人行进过程中对周围障碍物的

检测，触发自身停障功能启用，保障机器人及现场人员和设备的安全。常用的安全防护传感器包括超声传感器和触边碰撞传感器，它们共同形成双重安全机制保障。

图2.6　超声传感器

超声传感器（见图2.6）用于机器人的远距离超声停障，采用的德国施克（SICK）UM30系列。该传感器在位置设计上同时兼顾了对高位以及低矮障碍物的识别，其警界范围为50~100cm，在该范围内出现障碍物时机器人开始减速，当障碍物与机器人距离小于50cm后，进入超声停障区域，机器人随即停止运动。

触边碰撞传感器（见图2.7）用于机器人的近距离碰撞停障。当机器人撞到障碍物时，碰撞开关闭合，机器人随即停止运动。

图2.7　触边碰撞传感器

（二）导航单元

导航单元是机器人实现自主定位导航的主要传感器，用于采集所在运行环境内的位置数据。目前主流的导航方式有激光导航和磁导航，上述型号巡检机器人采用的是激光导航。

1. 激光导航

激光导航单元的主要设备是激光雷达，如图2.8所示。机器人首次进入巡检环境时，通过激光雷达对周边环境进行扫描，通过同步地图构建与定位算法生成环境地图，并在后续巡检过程中，将激光实时扫描的地形与环境地图进行精确匹配，从而确定机器人的精确位置。

目前机器人所采用的激光雷达，扫描角度一般为180°或360°，扫描距离在50~80m之间。

激光导航的主要缺点：受站内植被生长、设备改扩建等环境因素的影响，实际环境与原有环境地图部

图2.8　激光雷达

分不匹配，导致定位不准确。

2. 磁导航

磁导航单元是指机身的磁导航传感器（见图2.9）。磁导航机器人通过磁导航传感器扫描提前预设的磁轨道及沿线的磁钉，获取机器人位置信息，从而确定机器人的精确位置。

图2.9　磁导航传感器

磁导航的主要缺点：实施周期长，实施成本高；易受变电站磁场环境影响，导致轨道失磁，定位不准；随着运行时间延长，易出现轨道损坏、定位芯片脱落等问题，维护成本高。

3. 其他导航

随着GPS导航、视觉导航、3D激光导航等导航技术的应用，机器人导航还在不断发展。3D激光导航技术作为未来巡检机器人的导航趋势，其先进性在于通过三维激光雷达扫描周围环境，获取三维空间点云数据，以立体点云图的形式匹配周围环境，有效克服因环境变动因素导致的定位不准问题，展现出超强的环境适应性。

（三）控制单元

控制单元（见图2.10）是巡检机器人的核心处理和控制系统，主要负责对传感数据进行集中处理和运算，并对执行机构进行控制。目前机器人控制单元常采用低功率、无风扇散热、零噪声设计，各接口均采用隔离技术，存储模块

图2.10　控制单元

采用工业级固态硬盘，确保控制单元在各种恶劣环境下长期稳定可靠运行。

（四）驱动单元

驱动单元（见图2.11）用于保证机器人底盘在各种路况下的驱动能力，满足

机器人站内自主行走的需要。主要动力设备通常采用大功率无刷直流电机模块，模块自带高分辨率码盘，以实现电机的精确控制。目前轮式机器人通常采用四轮驱动或两轮驱动方式。

上述型号巡检机器人采用底盘四轮驱动方式，支持1m/s的最大平地速度和25°的最大爬坡角度，最小制动距离为225mm，最大涉水高度为150mm，最大越障高度为120mm，最大越沟宽度为50mm。

图2.11　驱动单元

（五）供电单元

供电单元（见图2.12）用于提供机器人各功能模块所需电源。目前常选用锂电池供电，电池容量可满足机器人6h以上续航要求。同时，自带电池电量自动检测电路。当检测到电量低于设定值时，触发自主返回充电功能。

图2.12　供电单元

二、机器人监控系统

机器人监控系统是机器人实际应用时主要使用的软件控制平台，也称为客户端。在功能设计上包括机器人管理、任务管理、实时监控、巡检结果确认、巡检结果分析、用户设置、机器人系统调试维护七大模块。机器人监控系统架构如图2.13所示。

（一）机器人管理

当一个变电站内有多台机器人时，可通过机器人管理模块切换显示每个机器人的巡检状态以及实时影像画面。选择其中一个机器人后，其中的任务管理、实时监控（除巡检报文）两大模块均切换至对应的机器人工作界面，如

图2.14所示。

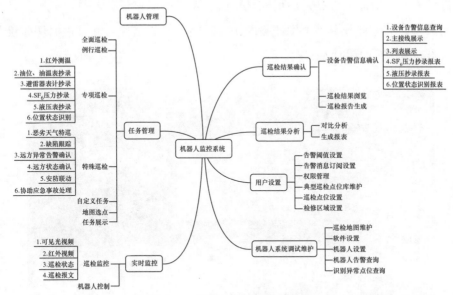

图2.13　机器人监控系统架构图

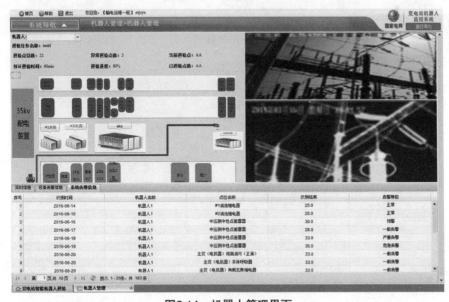

图2.14　机器人管理界面

（二）任务管理

运维人员可以在任务管理模块中根据不同的巡检需求对巡检机器人的巡检

范围、巡检日期、巡检周期等进行设置，并生成相应的巡检任务。同时该模块支持任务展示功能，可以月历形式显示所有下发的巡检任务。月历上每一日的单元格内显示当日所有已下发任务的执行时间、任务名称，并且根据任务状态显示不同颜色，如图2.15和图2.16所示。

图2.15　任务管理界面

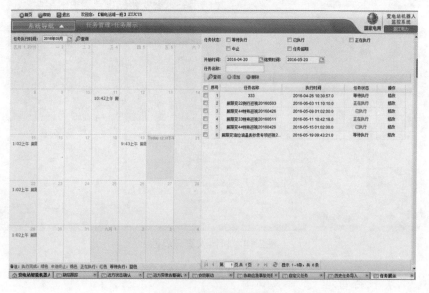

图2.16　任务展示界面

（三）实时监控

运维人员可以通过实时监控模块对巡检机器人的任务执行情况进行实时监视，同时在手动模式下对巡检机器人的行进、云台、摄像头等进行远程控制，如图2.17所示。

图2.17　实时监控界面

（四）巡检结果确认

在此模块运维人员对巡检任务完成后的各类数据、图像、告警等信息进行浏览和核查确认，并生成巡检任务报告。设备告警查询、巡检结果浏览及巡检结果审查界面如图2.18~图2.20所示。

（五）巡检结果分析

此模块主要是让运维人员对巡检的各类数据进行分析对比，并生成各类数据报表。对比分析界面如图2.21所示。

图2.18 设备告警查询界面

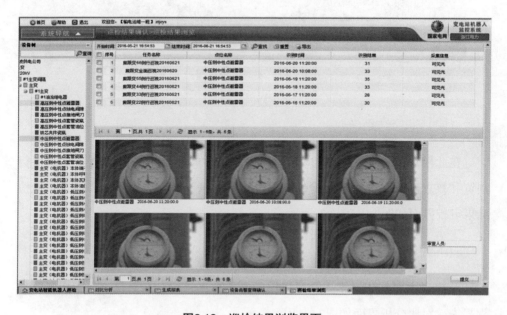

图2.19 巡检结果浏览界面

18

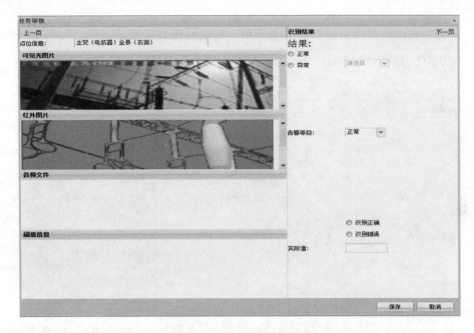

图2.20　巡检结果审查界面

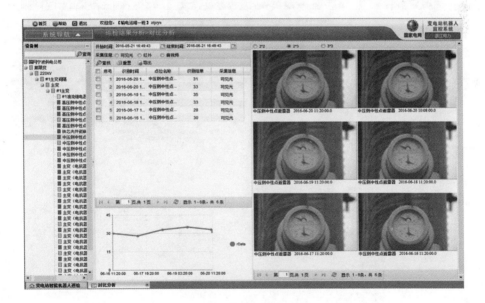

图2.21　对比分析界面

（六）用户设置

通过此模块可以对设备的告警阈值、人员权限、告警消息的订阅等进行设置，如图2.22和图2.23所示。

图2.22　告警阈值设置界面

图2.23　权限管理界面

（七）机器人系统调试维护

机器人系统调试维护模块主要由厂家人员进行机器人调试、维护时使用，可实现巡检地图维护、软件设置及机器人设置等功能。机器人系统调试维护界面如图2.24所示。

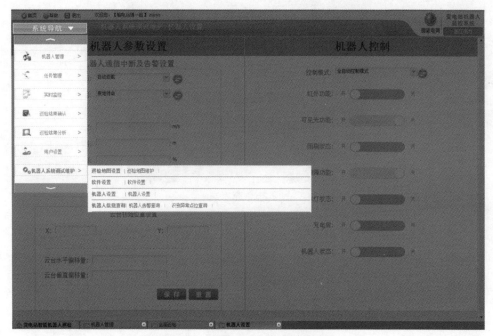

图2.24　机器人系统调试维护界面

三、机器人配套设施

（一）充电室

充电室（见图2.25）用于机器人的自主充电，以及防风、避雨及非巡检状态下的停放。通常，机器人的充电室占地面积约2~4m²，输入电源采用220V交流电。充电室的基本骨架采用优质槽钢和角钢焊接而成，具有较高的机械强度。充电室外壳材料有两种：一种采用镀锌板制作，坚固且具有极好的防腐能力，多用于南方地区；另一种采用表层铝板中间填充PU材料制作，具有极好的隔热能力，多用于北方地区。

图2.25 充电室

机器人可自动开启、关闭充电室门，并与内置充电装置配合完成全天候自主充电。当成功充电后，充电指示灯会变绿，且电流表显示当前充电电流。另外，自主充电装置（见图2.26）还能进行手动模式切换。当切换成手动充电模式时，只要机器人本体充电正负极触头与充电装置正负极接触就能直接充电。

图2.26 自主充电装置

如在紧急需求情况下自主充电装置发生故障，还可以通过移动充电器（见图2.27）给机器人进行充电。

图2.27　移动充电器

（二）微气象设备

微气象设备（见图2.28）用于全天候实时监测变电站现场环境的温湿度、风速、风压、雨量等气象数据，并通过以太网将数据实时回传至机器人监控后台供运维人员查看。微气象设备通常安装于变电站空旷区域。

图2.28　微气象设备

（三）无线基站

无线基站（见图2.29）用于建立巡检机器人与监控后台之间的网络连接，

实现车载端与本地监控端的双向数据交互。目前主流的无线设备采用2.4GHz频段。

变电站内架设无线网络需要根据巡检区域的大小，采用一个或多个无线AP（无线访问接入点）进行覆盖。一般情况下，为保证良好的无线网络覆盖效果（具体表现为实时高清视频播放流畅），35~500kV电压等级的变电站宜采用1个无线AP，1000kV变电站可采用2个无线AP。基站间采用漫游方式，实现信号自动切换和全覆盖。

无线AP架设在室外的AP箱内，与主控室的客户端通过通信线缆相连。一般情况下，变电站的无线AP通常装设在楼顶制高点且面向设备区，或在巡检区域的中心位置以达到良好的覆盖效果，并应做好防风防雨等预防措施。

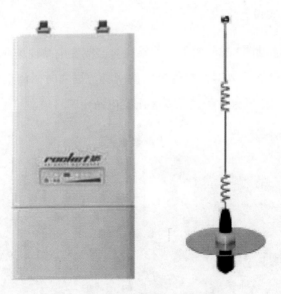

图2.29　无线基站设备

（四）监控后台

机器人监控后台（见图2.30）是搭载机器人监控系统的硬件实体，分为本地监控后台和远程集控后台。

本地监控后台通常装设在变电站主控室，通过工业无线网络与机器人本体软件进行双向数据交互，对机器人进行监控，编排巡检计划，分析并存储本厂站的所有巡检数据。

远程集控后台通常装设在运维站（班）主控室，通过专用网络远程集控各厂站本地监控后台，实现运维站（班）对各厂站机器人的监控、巡检计划编排和巡检信息分析查询等。

图2.30 监控后台

（五）组网方式

当多地变电站都配备有巡检机器人时，如何组网实现数据信息互通也是机器人巡检系统的一个重要方面。如图2.31所示，当前常见的变电站巡检机器人典型组网方式是机器人巡检系统：在变电站搭建无线局域网，巡检机器人经由该无线局域网连接入网，该无线网接入变电站机器人专网运行，实现站所与站所之间机器人系统互通，以利于统一调配管理。

采用这样的组网方式，巡检数据由无线网络接入变电站有线网后通过专网运行，虽然在技术上采取了SSID不广播、数据加密、绑定机器人MAC及IP等安全防范措施，但不能完全满足国家电网公司对终端无线接入电力系统内部网络的安全接入要求，故该专网与内网之间目前并未形成互联。主要存在以下三个网络层级的风险：①在终端层，机器人缺乏身份认证，存在非法接入、非法操纵风险；②在网络层，站内无线网络存在口令窃取、接入点伪造等风险，站内私网和站间专网存在信息窃听问题；③在应用层，存在非授权访问业务应用的风险。

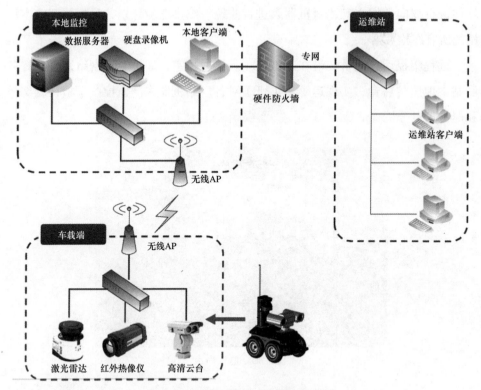

图2.31　巡检机器人系统网络拓扑图

　　随着变电站巡检机器人的推广应用，机器人安全组网和接入内网成为当前亟需解决的关键技术之一。目前主要有两个发展方向：①机器人厂商进一步加强车载端与本地监控后台、本地监控后台与运维站集控后台之间的通信安全，满足专网与内网互联的安全要求。②由国家电网公司主导推进电力无线专网的建设，满足多样化、泛在化、智能化、规模化电网末端设备的接入需求。届时，后者不仅可以实现巡检机器人入网，更能满足多种业务新增终端的接入需求，有效解决光纤敷设难度大、成本高区域的业务接入问题。

第二节　机器人巡检功能

　　变电站巡检是变电站运维的重要工作之一，准确到位的变电站巡检可以掌握变电站内设备的运行状态，提早发现变电站内各类设备缺陷、异常及隐患，为安排设备检修、运行方式调整等提供实际依据。这在保障变电站设备正常运行、减少突发性被迫停电乃至预防人身安全事故等方面都有重要的作用。但是传统的人工巡检受气候环境、地理条件和人员素质等因素影响，存在局限性，无法及时、全面掌握所有变电站的状况。机器人的使用是对变电站巡检的有效补充，并且在与变电站相关的其他方面也可以发挥机器人的辅助作用。

目前，机器人在变电站中的功能应用主要有设备状态巡检、实时信息确认、辅助功能应用和数据综合分析。

一、设备状态巡检

设备状态巡检是目前巡检机器人在变电站中最基本也是最主要的功能应用，是诞生巡检机器人概念的初衷。根据巡检需求的不同，可以分为日常巡视、特殊巡视、红外普测和表计抄录。

（一）日常巡视

变电站配备机器人后，可以由运维人员根据需要自由设定定时定点的日常巡视任务，如图2.32所示。机器人能够根据指令自动完成户外一次设备的状态识别、外观数据采集、环境数据采集等工作，并自动存储数据及图片，形成电子化的巡检报表。

与传统人工巡检相比，机器人日常巡视效率更高，而且不受各类主观客观因素影响，巡检覆盖全面，巡检数据记录详尽、连续性强且方便调阅。

图2.32　日常例行巡视

（二）特殊巡视

特殊巡视是在变电站设备运行环境或方式变化时开展的巡检，主要表现为在特定需求下，如在高温、冰雪、雷暴、台风等天气条件下，对某区域或某类设备进行巡检，如图2.33所示。

由于机器人具有较强的防护功能，整机防护等级严格按照国际标准的IP55级（防尘、防水）设计，可以有效克服上述恶劣天气的影响，通过自主巡检或人工遥控的方式，替代或辅助人工对重要变电设备进行特殊巡检，保证设备巡检及时准确，同时降低运维人员恶劣天气外出巡检的安全风险。

(a) 雨雪天气特巡   (b) 雷暴天气特巡   (c) 防汛抗台特巡

(d) 迎峰度夏特巡   (e) 雾霾天气特巡

图2.33　恶劣天气巡检

又比如在设备检修投运后、新设备24h试运行期、系统过负荷以及电网风险时段等情况下，需要对某区域的设备进行反复巡检，如图2.34所示。运维人员在后台客户端设定该区域设备需要的巡检项目，由机器人对这些巡检项目进行多次定时巡检。系统会自动保存每次的巡检数据，为分析评估设备状态提供可靠基础，如遇明显突变的情况，也能及时提醒运维人员进行人工确认。

图2.34 特定区域设备巡检

（三）红外普测

机器人红外普测，是通过预先设置多个监测点，从多个角度对全站设备分间隔或分区域进行整体性扫描式测温。当机器人发现某设备点温度超过限值后，能立即报警，提示运维人员进行处理。

例如对于220kV变电站，可以将设备区域划分为220kV、110kV、35kV以及主变压器等区域，如图2.35所示。机器人对每个区域中的每个间隔进行扫描测温，有效保证测温的覆盖率，避免发生设备漏测的情况。

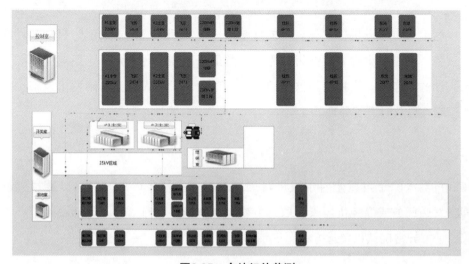

图2.35 全站红外普测

（四）表计抄录

机器人可以完成变电站内指针类、数字类、行程类、分合指示类等表计的图像拍摄，通过图像识别技术自动读取表计数值并将结果自动保存，如图2.36所示。

图2.36　各类型表计抄录

运维人员可以根据各种表计的抄录周期设定任务，机器人定时启动表计巡检任务。通过导出报表就能得到需要的数值，减轻了运维人员定期前往现场抄录表计的工作量。当抄录的数据超出警戒值时，机器人也会自动发出报警，提醒运维人员及时进行处理。

二、实时信息确认

机器人除了可以定时定点进行周期性的巡检任务以外，还可以通过远程即时发送任务或遥控机器人获取远方变电站某设备实时信息，包括缺陷定点跟踪、远方异常确认以及远方状态识别。

（一）缺陷定点跟踪

机器人可对缺陷设备进行自动跟踪、实时监控。如图2.37所示，运维人员通过远方客户端选取相应缺陷设备，设置缺陷跟踪任务，设定周期进行跟踪巡检；或控制机器人定点全天监视，实时采集缺陷设备的数据。系统会自动保存设备数据，跟踪数据变化，上传数据报表，形成历史曲线。如果设备缺陷有发展，会及时发出告警。

根据机器人自动生成上传的跟踪数据，运维人员在远方就可掌握相关站所缺陷设备运行状况，并根据机器人的实时监控画面，查看核对设备状态并做后续处理判断。

图2.37　缺陷定点跟踪

（二）远方异常确认

机器人巡检模式下，运维人员在获得各类生产系统、辅助系统的告警后，可以在第一时间调用机器人快速到达指定设备间隔，及时查看并核实告警信息，以便迅速制定应对策略。通过机器人读取的数据和历史数据曲线进行对比，可以辅助运维人员进行可靠的双重判断，有针对性地前往现场进行缺陷确认。

机器人在到达相应间隔时，应该根据"三确认"原则对设备进行检查。如图2.38所示，以"××开关SF$_6$气压低闭锁分合闸"告警信号处理为例，首先核对设备的间隔命名；然后进行SF$_6$压力值的拍摄和读取；最后对开关的外观进行拍摄，判断开关本体、外观是否良好。

××开关SF$_6$气压低闭锁分和闸

(a) 确认设备间隔无误　　　　(b) 确认SF$_6$压力值　　　　(c) 确认开关本体外观

图2.38　远方异常确认

（三）远方状态识别

当无人值守变电站设备状态发生改变时，运维人员可以直接遥控机器人对设备状态进行识别，然后通过后台读取结果和图片，汇报调度。运维人员在进行倒闸操作时，同样可以利用机器人对倒闸操作过程中设备位置变化进行实时监视。

机器人远方状态识别应遵守"三核对"流程：

（1）拍摄设备铭牌照片，人工核对设备命名；

（2）机器人对开关、闸刀等设备的状态进行识别，同时拍摄高清图片；

（3）运维人员通过调取图片，进行设备状态核查。

目前，机器人可以实现对设备外观、颜色、字符三种类型特征状态的自动识别，如图2.39所示。

图2.39 远方状态识别

三、辅助功能应用

从某种意义上来说，巡检机器人的使用是运维人员获取变电站相关信息在时间和空间上的延伸，因此巡检机器人在应对某些特殊情况时也能起到一定辅助作用。这里介绍巡检机器人在现场安全监管和协助应急处理方面的应用。

（一）现场安全监管

变电站内一般设置有定点监控系统，主要用于变电站内重要区域人员行为和设备状态的长期连续记录。机器人可以视作移动式的摄像装置。在定点监控系统失效或存在盲区的情况下，远方人员可通过手动遥控机器人到该区域，对现场检修工作、倒闸操作、土建施工等进行安全监管。这在一定程度上拓展了定点监控的范围，保证了监控的可靠性。

（二）协助应急处理

运维人员可以利用机器人进行协助应急事故处理，如图2.40所示。运维人员可在后台设置前往故障设备区域的指令，指挥机器人第一时间深入事故现场，到达指定位置后，将机器人切换至手动遥控模式，遥控调整车身位置，旋转云台方向，快速定位故障区域，并实时录制和读取现场数据，查看相邻设备，利用机器人视频传输和信息交互快速向运维站传送现场信息。若现场存在大量烟雾难以看清设备时，可以通过机器人的红外热像仪透过烟雾快速发现故障点，及时反馈事故信息。运维人员在远方即可快速了解现场情况、掌握现场动态，及时确定处理方案，保障运维人员的人身安全。

图2.40　协助应急处理

四、数据综合分析

一个变电站包含着大量的仪器设备，也就存在着大量的数据信息。通过巡检机器人实现了对其中一部分数据信息的获取，如何利用好这些数据为变电站设备稳定运行提供帮助，是今后巡检机器人发展的一个重要方向。

（一）数据分析现状

目前，巡检机器人系统对巡检数据的分析还停留在比较单一的层面，主要应用就是实现异常数据的告警功能。机器人每天会采集大量的巡检数据，其中异常数据占比较少，系统能够自动分析巡检结果，将异常数据标注出来，为数据审核工作提前进行过滤处理，运维人员再对异常数据进行查看和确认。目前已实现告警提醒的数据主要是设备红外测温数据和各类表计识别数值，通过设置合理的报警阈值，巡检机器人系统可实现温升报警、超温报警、三相温差对比报警以及仪表数值越限报警。例如，某主变压器220kV副母隔离开关A相主变压器侧接头测温显示为45℃，高于B、C相同一位置测温结果12℃，大于预设的三相比较报警值10℃，在巡检报表中该条巡检信息状态为异常并标红显示，如图2.41所示。

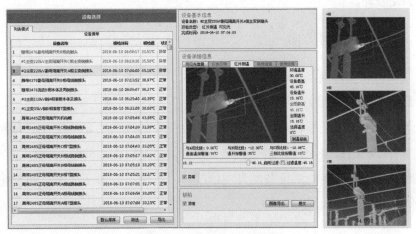

图2.41　三相温差对比报警

又如某断路器液压表识别数值为29.9MPa，超出预设的报警值范围31.5~37.0MPa，同样在巡检报表中该条巡检信息状态为异常并标红显示，如图2.42所示。

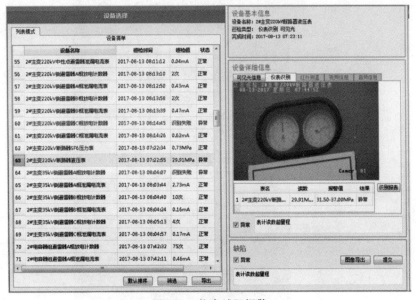

图2.42　仪表越限报警

35

系统还为运维人员在查看异常数据时提供历史数据信息查询，可形成历史曲线辅助人员判断，同时可完成异常数据图像或设备巡检报表的导出，方便进一步调阅处理。

（二）数据提升方向

目前，巡检机器人系统的巡检数据质量不高，主要有两方面原因：一是数据来源受限；二是错误数据干扰。

数据来源受限是指现阶段巡检机器人可提取的数据主要是红外测温数据以及各类表计识别数值，还有相当一部分数据信息是以图片的形式保存，无法直接获取利用。例如变电站设备的外观情况、有油设备的渗漏情况、环境地面的沉降情况等，如图2.43所示。

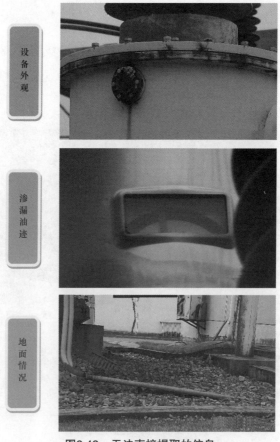

图2.43　无法直接提取的信息

错误数据干扰是指因环境原因或巡检机器人系统自身原因造成获得的巡检数据是错误无效的，对相关工作的开展起负作用。常见的有：受阳光或灯光的干扰而获得的异常测温数据，因巡检位置偏移或镜头对焦模糊获得的错误数据，由于系统部件异常造成的大批无效数据等，如图2.44所示。

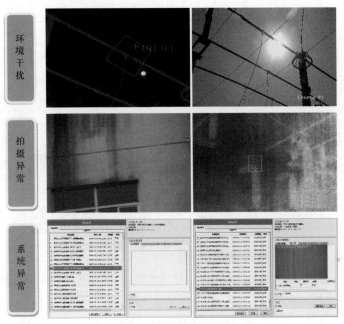

图2.44　错误数据干扰

以上两个方面的不足是因技术原因造成的，相信随着各种图像识别、数据自检等技术的发展，巡检机器人系统能提供更全面、更可靠的设备信息数据。

（三）综合分析展望

当有了持续可靠的数据来源，可以考虑对巡检数据做进一步的综合分析。前文提到当前巡检机器人系统对巡检数据的分析还停留在比较单一的层面。这里的单一主要是指在利用数据层级方面的单一。系统对异常数据做出判别时仅仅针对这一个数据，与其他数据或者历史数据的联系较弱或者没有。这种做法可以发现那些比较明显的设备异常，但对于一些更隐蔽复杂的设备异常无从下手。如今在利用数据做综合分析时，往往是联动多方面的数据进行多维度的计算。同样，运维人员在判断一些复杂的设备缺陷时也需结合多方面的信息才能得出结论。那么，巡检机器人系统在有了比人工更为便捷可靠的数据来源后，完全可以发展更高级的设备异常判断的功能。例如对某些有油设备渗漏油的分析，结合长时间的油位指示、渗漏油迹的面积、红外测温数据等，研判其发展趋势的严重程度，如图2.45所示。

图2.45　发展趋势分析

又例如对设备发热的分析，结合环境温度、负荷水平、运行温度、投运接触电阻等，拟合设备负荷—运行温度关系曲线（见图2.46），为一些变电站调配操作提供风险预估，避免突发性恶化情况。

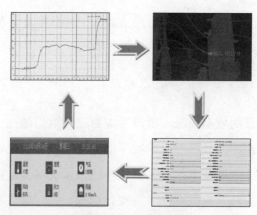

图2.46　关系曲线拟合

总而言之，未来巡检机器人系统在巡检数据综合分析方面的发展空间巨大，能为保障变电站稳定运行发挥更大的作用。

第三章　机器人项目建设及验收

机器人能够顺利地在变电站执行巡检工作，机器人项目的建设和验收是前提和基础。机器人项目建设及验收分为基建施工、安装调试和验收管理三个环节。这三个环节能够既安全又高效地完成机器人运行环境的搭建工作，利于后期机器人的应用与管理。

本章通过这三个环节要点的讲解，使学员掌握机器人项目建设及验收过程中一些关键点和注意事项，提高机器人项目施工质量和实施效率，达到实效化应用的目的。

机器人项目的详细流程如图3.1所示。

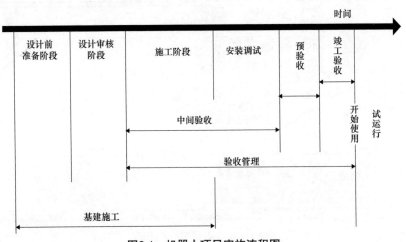

图3.1　机器人项目实施流程图

第一节 基建施工

机器人项目的基建施工包括设计前的准备阶段、设计审核阶段和施工阶段。这三个阶段是项目建设的核心环节，直接决定了项目的合理性与建设质量。

一、设计前的准备阶段

为了给项目建设打好基础，使项目设计符合实际运行的要求并具有一定的拓展性，设计前的准备阶段要给出详细的机器人功能需求，搜集并整理必需的资料，提供给施工安装单位。

机器人项目开工实施前，与施工安装单位开展现场联合踏勘，确定充电室、后台机屏柜、无线基站及微气象采集装置等配套设施的安装位置，明确机器人设备电源接入方案、巡检道路规划设计、全站设备巡检点位等需求，并提供变电站平面布置图。

施工安装单位根据现场踏勘情况和运维管理单位的要求，绘制机器人巡检路径图、土建施工图、电缆走向图、辅助设施定置定位图等，如图3.2~图3.6所示。

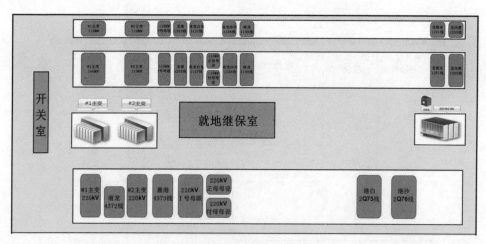

图3.2 某变电站巡检路径图

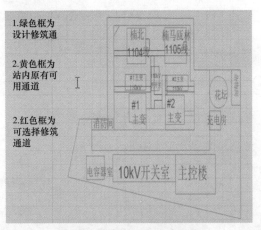

图3.3　某变电站土建施工图

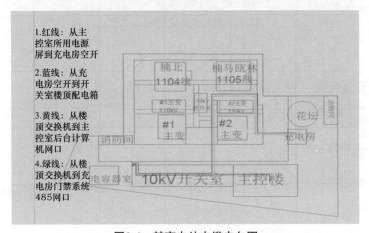

图3.4　某变电站电缆走向图

图3.5　辅助设施定位图（一）

图3.6　辅助设施定位图（二）

为了规范现场施工，保证施工安全与施工质量，施工安装单位还需编制工程实施的安全措施、组织措施、技术措施及施工方案（简称"三措一案"），并提交运维管理单位审核。

二、设计审核阶段

设计审核阶段是项目设计的把关环节，施工安装单位完成项目设计方案后，运维管理单位及时组织开展项目设计方案的审查工作，对设计方案中存在的缺陷与不合理设计提出修改意见。

运维管理单位可根据需要组织召开设计审查会，对施工安装单位提交的机器人巡检路径图、土建施工图、电缆走向图、辅助设施定置定位图、"三措一案"等资料进行审查。重点审核内容如下：

（1）巡检路径或导轨铺设需满足全站设备100%覆盖率的要求，尽可能利用站内原有道路，避免或尽可能少走电缆盖板，采用小迂回路线，路径尽量呈回形，避免断头路径，满足拍摄角度最近、最优原则，并综合考虑设备检修时道路冗余需求。

（2）电源接入方案及电缆走向等草图满足安全可靠要求，电源开关配置满足回路级差要求，审核后的草图提供给设计单位出正式施工图纸。

（3）新修路径、充电室基础的土建施工图纸需明确土建用料、水泥厚度或铺设方法、路面平整度、道路切边等要求，审核后的草图提供给设计单位出正式施工图纸。

（4）施工方案包含施工进度管控方案，明确项目各实施环节完成的时间节点。为了保证变电站原有设施的完整性，方案中还需明确施工过程中对草坪、道路、盖板等原有设施破坏后的修复处理等内容。

三、施工阶段

在施工阶段，从安全管理、质量控制、进度管理三个方面对施工过程进行管控。

（一）安全管理

安全管理的指导思想是坚持"安全第一、预防为主"的方针，认真执行国家及部颁有关安全生产的政策、法规以及建设单位、监理工程师的安全指令，落实各级安全责任制，超前控制事故隐患，通过危险源辨识、危险评价、危险控制等手段来达到控制事故发生的目的。

1. 施工单位的安全责任

施工单位在施工阶段按照"三措一案"的要求认真部署施工工作。

（1）组织措施。

施工单位迅速成立领导小组与现场工作组，做好内部分工，保证生产工作顺利开展。图3.7为某机器人项目的施工组织机构图。

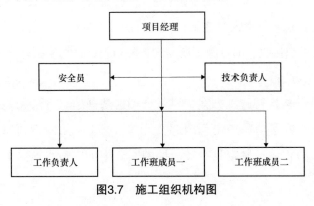

图3.7　施工组织机构图

（2）安全措施。

建立健全各级安全责任制，加强现场安监人员的配备，并根据实际工作和人员变动情况，合理调整安监体系，及时研究和解决安全工作中可能存在的重点和难点问题。

建立安全生产的组织机构，完善各项规章制度，加强施工人员的安全生产法制教育，认真贯彻落实《中华人民共和国安全生产法》和上级主管部门有关安全生产的文件精神，通过领导挂帅、责任到人、制度完善、全体动员、系统把关、狠抓落实、普遍检查、落实整改、总结交流等措施，确保施工过程中的人员及机械设备安全。

针对施工中有可能发生的火灾、重大伤亡事故、机械事故、突发的公共卫生事件（如中暑、窒息等），为了保证在紧急情况发生时，最大限度减少人员伤亡和财产损失，制定突发事件应急预案。

（3）技术措施。

项目负责人及技术负责人到施工现场熟悉环境，了解工程项目范围。项目技术负责人组织人员收集设备技术资料，提供施工记录表格，准备相关质量标准、规程、规范。施工负责人将施工方案对施工人员进行技术交底，确保每一个施工人员都了解施工的质量目标、施工方案和安全措施，从技术上为施工顺利进行做好充分准备。

由于变电站是特殊场所，现场设备带有高压电，因此机器人项目的土建施工应委托具有施工资质的专业队伍和人员进行，且施工手续齐全、工作流程清晰、人员责任明确。

施工负责人根据现场施工要求进行工器具配置，并通过安全验证，安排设备机具提前进场；技术负责人对施工材料进行统计、分解、汇总、编制的材料表，由施工负责人组织接收、清点施工所需的各种材料，并切实把好质量关。

（4）施工方案。

施工人员严格执行施工方案，科学合理地选择施工方法和施工机械，合理布置施工平面。在了解施工工程内部及外部给施工带来的不利因素，结合施工方案通过综合分析后，制定具有针对性的安全施工措施，确保工程质量和施工安全。

2.运维管理单位的安全责任

运维管理单位对机器人现场土建施工情况加强安全管控，在施工现场设立明显的施工标志，并在施工场地周围设置围栏和警告标志，提醒施工人员注意安全，防止与施工无关的人员进入现场。经常检查安全措施的贯彻落实情况，纠正违章，使措施方案始终得到贯彻执行，达到既定的施工安全目标。施工中做到严格执行工作票制度，杜绝补办、应付、签字式等情况的发生，对工作票执行情况在施工现场进行严格的检查。

（二）质量控制

质量控制目标是指施工安装单位应对现场施工质量和施工安全负责，严格按图施工，施工工艺和标准达到要求。机器人管控班应督促安装单位落实基建施工环节各项具体要求，协调解决施工过程中出现的问题。质量控制的具体要求是：

（1）机器人充电室设置的接地点与变电站主接地网可靠过接，如图3.8所示。机器人充电室的地基浇筑在夯实的地面上并采取防止地基沉降措施，且基础应高出道路面，对地势低洼变电站的充电室提出增加基础厚度等其他特殊要求，如图3.9所示；充电室设置的接地点与变电站主接地网可靠连接，有防火材料安装单位出具的权威防火检测报告，满足变电站消防要求；充电室安装应牢固，做好防台风、防雨及温湿度控制等措施。

图3.8 机器人充电室接地要求

斜坡侧面必须平整，不能出现类似马蜂窝

图3.9　机器人充电室土建工艺要求

（2）安装单位严格按照充电室电缆走向图施工，电源电缆采用阻燃电缆，电缆规格、敷设方式、防护措施、电缆标识、防火封堵等满足相关要求；相关电源接入站用电源配电屏（见图3.10）的工作由本单位检修单位或其他有资质的单位负责施工。

图3.10　相关电源接入站用电源配电屏

（3）巡检道路要与变电站环境协调，尽量与原有道路相匹配；巡检道路的宽度、倾斜度、防滑措施、排水设施、工艺标准等满足有关验收要求。巡检道路的质量要求如图3.11~图3.14所示。

图3.11　巡检道路修边

图3.12　巡检道路敷设

图3.13　巡检道路与电缆盖板连接处

图3.14　小斜坡

（4）无线基站、微气象站等配套设施应按照定置定位图施工，并做好防台风、防雨等防护措施，布线应清晰、走向合理，如图3.15所示。

图3.15　无线基站及微气象站

（5）施工过程中若损坏变电站原有道路、草坪等，及时督促施工安装单位整改，尽量恢复原貌。

（6）在施工阶段完成辅助定置工作，包括对机器人统一编号，并在机器人本体贴上相应标签；机器人系统相关的各类设施、开关均应有明显标志或标签，如图3.16所示。

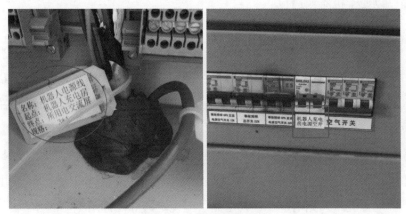

图3.16　常见的辅助定置

（三）进度管理

进度管理主要体现在督促施工安装单位落实基建施工环节各项具体要求，协调解决施工过程中出现的问题，使项目各阶段能在既定的时间节点完成，以防超期。在实际施工过程中常用施工进度图（见图3.17）来保证施工有序进行，避免盲目赶工导致的施工质量和施工安全问题。

序号	任务名称	开始时间	完成	持续时间	2018年6月						2018年7月							
					25	26	27	28	29	30	1	2	3	4	5	6	7	8
1	机器人充电房安装	2018/6/25	2018/7/2	6d														
2	机器人巡检道路铺设	2018/6/25	2018/7/2	6d														
3	无线AP安装	2018/7/4	2018/7/5	1d 4h														
4	微气象站安装	2018/7/4	2018/7/5	1d 4h														
5	辅助定置	2018/7/6	2018/7/10	2d														

图3.17　进度管理图

四、新、改（扩）建管理

已规划或已经实施机器人项目的变电站新建与改（扩）建时，要充分考虑智能巡检机器人安装与巡检的便利性，包括预留足够的安装空间以及良好的观察视角，以便于机器人巡检。

（一）新建变电站

对于已规划实施机器人项目的新建变电站，应统筹考虑后续机器人项目的建设。新建变电站的机器人充电室、巡检道路、电缆施放等随同变电站主设备同步设计、同步施工、同步验收。

（1）在变电站建设审查阶段，及时与设计单位、基建单位沟通，将机器人充电室、巡检道路、电缆走向等列入设计考虑范围。设计部门提供的变电站图纸清册里包含机器人充电室、巡检道路、电缆走向等设计图纸。

（2）在变电站基建施工阶段，施工单位结合变电站土建工作，完成机器人充电室建造、巡检道路铺设、电缆施放等基建配合工作。

（3）在变电站电气设备安装阶段，考虑机器人巡检的覆盖率和便利性，在不影响设备功能和安全要求条件下，设备表计、观察窗位置等应高度适宜、朝向统一。

（二）改（扩）建变电站

已安装巡检机器人的变电站，在改（扩）建工程的规划设计、基建施工、电气安装等阶段，应统筹考虑机器人项目的实施。巡检道路的改造与延展在改（扩）建基建施工中一并完成，改（扩）建间隔设备表计朝向及观察窗位置调整等工作在改（扩）建电气安装时一并完成，机器人巡检点位完善与巡检路径优化工作与改（扩）建工程同步验收、投运。

第二节　安装调试

基建施工完成并验收合格后，便可以对机器人进行安装调试。这阶段需要对巡检点位、巡检路径进行设定与优化，同时也应注意调试过程的管控，目的是为了让机器人的巡检结果更准确、更全面，更便于运维人员使用。

一、巡检点位设定

巡检点位的设定是机器人执行巡检任务的先决条件，调试过程中最重要的就是对设备巡检点位的设定。巡检点位要根据现场设备的实际情况进行设定，并要求多角度、全方位覆盖变电站范围内的所有设备，以满足替代人工巡检的要求。

根据变电站现场设备和巡检要求，编制巡检点位表、红外测温超温告警值、表计读数正常值和告警值参数以及告警值设置的相关计算公式等，并形成标准文档提供给安装调试单位。巡检点位要满足100%覆盖率的要求，施工过程中，可以根据现场设备实际情况适当增添或删除巡检点位，并履行变动审核确认手续。

若遇到因设备原因巡检无法覆盖的点位，由运维管理单位协助安装单位提出解决途径，通过更换表计或观察窗玻璃、加装反光镜（见图3.18）、结合设备停役调整表计朝向等方法尽力提高巡检设备覆盖率。若因地理环境、设备安装等特殊原因确实无法覆盖、数字无法识别的，可经专业管理部门评估是否设置。

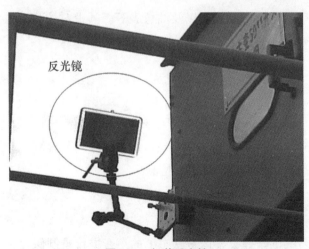

图3.18 加装反光镜

机器人巡检点位的设定应做到巡检不漏设备、不漏点，对设备进行360°的观察。同时还要满足以下要求：

1. 红外测温点位

红外测温分为精确测温和红外普测。精确测温包括对设备的各连接部位（引线接头、引线与设备的接头等）、套管、金属接触部位（隔离开关触头）、注油设备等部位，从多个角度（正面、反面、侧面等）对设定点位进行检测，必要时可增加点位以保证设备各部位均已纳入检测范围。红外普测则不需要精确到设备的每一个部位，可以对整个设备或整个间隔甚至某一区域进行多角度的检测，这样可以提高巡检效率，快速定位发热点。

2. 设备外观查看类点位

所有设备外观均设点，包括户外机构箱、端子箱等。能从各个角度（正面、反面、侧面等）对设备外观进行检查，并保证清晰度，必要时可增加点位设定（如果主变压器元件较多，应对所有元件单独设点；注油设备应对地面设点等）。

3. 表计类点位

所有表计均设置点位，并能正确读取数值。常见表计有SF_6压力表、避雷器泄漏电流表、避雷器动作次数表以及油位表等。其中对柱状油位表应以百分比进行判别，并根据油位曲线变化表设定阈值。

4. 位置状态识别类点位

对所有存在位置状态变化的设备均设定点位，对设备状态的变化进行识别。例如断路器、隔离开关的分合状态，各切换开关的位置，压板投退状态，指示灯亮/灭状态等，均设定点位进行检测。

5. 声音检测点位

对变压器、电抗器等设备运行状态下的声音进行录制保存，人工可远程对音频文件进行分析，判断是否有异常。

下面以一台220kV主变压器为例，列出了精确测温点位清单，如图3.19、图3.20及表3.1所示。

图3.19 220kV主变压器点位示意图（一）

图3.20 220kV主变压器点位示意图（二）

表3.1 220kV主变压器精确测温点位表

点位名称	识别类型
主变压器全景（正面）	红外测温+设备外观查看（可见光图片保存）
主变压器全景（背面）	红外测温+设备外观查看（可见光图片保存）
主变压器全景（左面）	红外测温+设备外观查看（可见光图片保存）
主变压器全景（右面）	红外测温+设备外观查看（可见光图片保存）

续表

点位名称	识别类型
主变压器地面油污（正面）	设备外观查看（可见光图片保存）
主变压器地面油污（背面）	设备外观查看（可见光图片保存）
主变压器地面油污（左面）	设备外观查看（可见光图片保存）
主变压器地面油污（右面）	设备外观查看（可见光图片保存）
主变压器本体油位	表计读取
主变压器上层油温表（油枕侧）	表计读取
主变压器上层油温表（有载侧）	表计读取
主变压器绕组油温表	表计读取
主变压器声音检测	声音检测
主变压器铁芯夹件瓷瓶	设备外观查看（可见光图片保存）
主变压器本体端子箱	设备外观查看（可见光图片保存）
主变压器油枕（正面）	红外测温+设备外观查看（可见光图片保存）
主变压器油枕（背面）	红外测温+设备外观查看（可见光图片保存）
主变压器油枕（左面）	红外测温+设备外观查看（可见光图片保存）
主变压器油枕（右面）	红外测温+设备外观查看（可见光图片保存）
主变压器本体气体继电器	设备外观查看（可见光图片保存）
主变压器有载气体继电器	设备外观查看（可见光图片保存）
主变压器本体呼吸器	设备外观查看（数据自动判断）
主变压器有载呼吸器	设备外观查看（数据自动判断）
主变压器有载油位	表计读取
主变压器有载调压档位表	表计读取
主变压器有载过滤装置柜	设备外观查看（可见光图片保存）
主变压器#1号油流继电器	表计读取
主变压器#2号油流继电器	表计读取
主变压器#3号油流继电器	表计读取
主变压器#4号油流继电器	表计读取
主变压器#5号油流继电器	表计读取
主变压器#6号油流继电器	表计读取
主变压器冷却控制箱	设备外观查看（可见光图片保存）
主变压器高压侧A相套管绝缘子	红外测温+设备外观查看（可见光图片保存）
主变压器高压侧A相套管引线接头	红外测温+设备外观查看（可见光图片保存）
主变压器高压侧A相套管引流线	红外测温+设备外观查看（可见光图片保存）
主变压器高压侧A相套管油位	表计读取

续表

点位名称	识别类型
主变压器高压侧B相套管绝缘子	红外测温+设备外观查看（可见光图片保存）
主变压器高压侧B相套管引线接头	红外测温+设备外观查看（可见光图片保存）
主变压器高压侧B相套管引流线	红外测温+设备外观查看（可见光图片保存）
主变压器高压侧B相套管油位	表计读取
主变压器高压侧C相套管绝缘子	红外测温+设备外观查看（可见光图片保存）
主变压器高压侧C相套管引线接头	红外测温+设备外观查看（可见光图片保存）
主变压器高压侧C相套管引流线	红外测温+设备外观查看（可见光图片保存）
主变压器高压侧C相套管油位	表计读取
主变压器高压侧中性点套管绝缘子	红外测温+设备外观查看（可见光图片保存）
主变压器高压侧中性点套管油位	表计读取
主变压器高压侧中性点接地刀闸	位置状态识别
主变压器高压侧中性点放电间隙	红外测温+设备外观查看（可见光图片保存）
主变压器高压侧中性点避雷器	设备外观查看（可见光图片保存）
主变压器高压侧中性点避雷器泄漏电流表	表计读取
主变压器中压侧A相套管绝缘子	红外测温+设备外观查看（可见光图片保存）
主变压器中压侧A相套管引线接头	红外测温+设备外观查看（可见光图片保存）
主变压器中压侧A相套管引流线	红外测温+设备外观查看（可见光图片保存）
主变压器中压侧A相套管油位	表计读取
主变压器中压侧B相套管绝缘子	红外测温+设备外观查看（可见光图片保存）
主变压器中压侧B相套管引线接头	红外测温+设备外观查看（可见光图片保存）
主变压器中压侧B相套管引流线	红外测温+设备外观查看（可见光图片保存）
主变压器中压侧B相套管油位	表计读取
主变压器中压侧C相套管绝缘子	红外测温+设备外观查看（可见光图片保存）
主变压器中压侧C相套管引线接头	红外测温+设备外观查看（可见光图片保存）
主变压器中压侧C相套管引流线	红外测温+设备外观查看（可见光图片保存）
主变压器中压侧C相套管油位	表计读取
主变压器中压侧中性点套管绝缘子	红外测温+设备外观查看（可见光图片保存）
主变压器中压侧中性点套管油位	表计读取
主变压器中压侧中性点接地刀闸	位置状态识别
主变压器中压侧中性点放电间隙	红外测温+设备外观查看（可见光图片保存）
主变压器中压侧中性点避雷器	设备外观查看（可见光图片保存）
主变压器中压侧中性点避雷器泄漏电流表	表计读取
主变压器低压侧A相套管绝缘子	红外测温+设备外观查看（可见光图片保存）

续表

点位名称	识别类型
主变压器低压侧A相套管引线接头	红外测温+设备外观查看（可见光图片保存）
主变压器低压侧A相套管引流线	红外测温+设备外观查看（可见光图片保存）
主变压器低压侧A相套管油位	表计读取
主变压器低压侧B相套管绝缘子	红外测温+设备外观查看（可见光图片保存）
主变压器低压侧B相套管引线接头	红外测温+设备外观查看（可见光图片保存）
主变压器低压侧B相套管引流线	红外测温+设备外观查看（可见光图片保存）
主变压器低压侧B相套管油位	表计读取
主变压器低压侧C相套管绝缘子	红外测温+设备外观查看（可见光图片保存）
主变压器低压侧C相套管引线接头	红外测温+设备外观查看（可见光图片保存）
主变压器低压侧C相套管引流线	红外测温+设备外观查看（可见光图片保存）
主变压器低压侧C相套管油位	表计读取
主变压器低压侧穿墙套管A相	红外测温+设备外观查看（可见光图片保存）
主变压器低压侧穿墙套管B相	红外测温+设备外观查看（可见光图片保存）
主变压器低压侧穿墙套管C相	红外测温+设备外观查看（可见光图片保存）
主变压器低压侧穿墙套管A相接头	红外测温+设备外观查看（可见光图片保存）
主变压器低压侧穿墙套管B相接头	红外测温+设备外观查看（可见光图片保存）
主变压器低压侧穿墙套管C相接头	红外测温+设备外观查看（可见光图片保存）
主变压器油色谱在线监测装置柜	设备外观查看（可见光图片保存）
主变压器油色谱在线监测装置接头	设备外观查看（可见光图片保存）
主变压器低压侧中性点避雷器	设备外观查看（可见光图片保存）
主变压器低压侧中性点避雷器泄漏电流表	表计读取

通常，一个220kV变电站大概有3000~4000个巡检点位，一个110kV变电站大概有800个巡检点位。

二、巡检路径优化

机器人的巡检路径在基建施工时已经初步确定，安装调试过程中，还需根据现场实际情况不断优化巡检路径以满足巡检点位采集要求。当变电站原有道路和新建巡检道路无法满足巡检覆盖率要求时，还要再增加巡检道路。在巡检道路满足巡检覆盖率100%要求的前提下，对巡检路径的合理性进行审查。

巡检路径尽量采用闭环方式，避免断头和重复行走路径，从而节省机器人巡检行走时间；巡检路径尽量采用小迂回形式，满足站内设备检修情况下单一设备或单间隔巡检需求，提升机器人实用化水平。

图3.21就是一个很优化的巡检路径，采用了闭环和"田"字形路径，从充电室出发到地图上的任一巡检点都有最短的行走线路。

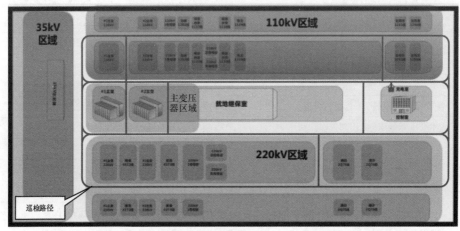

图3.21　巡检路径（一）

图3.22所示的巡检路径就很不合理，设置了很多断头路，巡检时会有大量的重复行走路线，从充电室出发到很多点都需要绕远，实际调试过程中一定要避免这种情况。

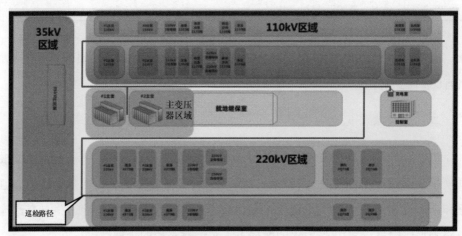

图3.22　巡检路径（二）

三、调试过程管控

在调试过程应做到全程管控，后台界面设计、信息的安全性等都要严格把关。运维管理单位根据现场设备实际情况，全程参与和监督安装单位的安装调试过程，指定专人或团队协调解决机器人安装调试过程中的各类问题。

在调试过程按照调试进度表（见表3.2）的时间节点进行，防止因拖延而导致后续工作无法正常进行。

表3.2 安装调试进度表

调试项目	5月1日	5月2日	5月3日	5月4日	5月5日	5月6日	5月7日	5月8日	5月9日
巡检点位	▓	▓							
巡检路径			▓	▓					
……									

机器人安装调试过程中要做好信息安全管理，防止变电站信息外泄，机器人管控班应监督安装调试单位加强机器人信息安全管理。监控后台、服务器、无线WiFi、智能设备等不得采用空口令和弱口令设置。

机器人安装调试完毕后，安装调试单位出具调试报告，内容包括机器人基本功能介绍、巡检点位、巡检设备覆盖率、未覆盖点位、机器人巡检数据与人工巡检数据对比情况、调试存在的问题及整改措施等。

第三节　验收管理

为了保障施工质量，不仅要在施工过程中做好技术与质量管理，更要在工程的全过程做好验收工作，评定最终的工程建设质量和成果。机器人项目验收分为中间验收、预验收、竣工验收三个阶段。在验收环节应编制验收单并严格按照验收单开展验收工作，验收之后认真填写问题整改单（见表3.3）并反馈给施工单位。

表3.3 问题整改单

序号	发现的问题	验收人	整改要求	整改时间	整改人	复检情况	复检人
1							
2							
3							
...							

一、中间验收

中间验收是保证工程质量的第一道关卡，主要是对基础设施的验收，要求做到"完成一个验收一个"，能第一时间发现问题并要求施工方整改。应从安装单位施工方案及图纸的完备性、合理性，机器人充电室、巡检道路、电缆敷设、无线基站及微气象站等配套设施的施工工艺和技术标准方面开展验收，做到随工验收。对施工过程中发现的问题，及时要求安装单位整改落实。下面介绍中间验收的注意事项。

（一）配套设施验收

1. 充电室

（1）机器人在运维班驻点建有充电室并有集中存储位置，充电室安装水平面应高出地面，但也不宜过高，注意美观及与周围环境的和谐性；

（2）对地势低洼变电站等有特殊要求的充电室，现场按照运维单位要求施工；

（3）充电室地基浇筑要在夯实的地面上进行，防止地基沉降，浇筑厚度不少于15cm；

（4）充电室每扇门各引出一条辅助道路来连接站内主路，辅助道路的宽度不小于1.2m，辅助道路与站内道路连接的长度应根据高度差合理选取，倾斜角不准超过10°；

（5）充电室有明显的接地点并与变电站主接地网有效连接，接地扁铁应做防腐处理，采用黄绿相间的油漆喷刷，焊接部位应满足"搭接面为扁铁宽度3倍，焊接3个面"的要求；

（6）充电室采用的建筑材料应满足变电站消防要求，采用防火材料，房顶采用绝缘材料；

（7）充电室应安装牢固，做好防雨、防台风、防潮、防寒等措施，室内应装有温、湿度检测表计，并配备温、湿度控制装置；

（8）在充电室内充电接口装置带电部位设置隔离挡板或带电警示标志，机器人充电插头裸露导电部分不宜过长，并做好防低压触电措施；

（9）充电室外接电缆沟敷在电缆沟或电缆穿管内，穿孔处做好封堵；

（10）电缆有屏蔽接地（铠装接地），电缆头制作良好，并悬挂吊牌，注明电缆走向和规格。

2. 微气象站、无线基站

安装在楼顶制高点，安装位置面向设备区，视野开阔，无遮挡并做好防台风等预防措施，穿孔处做好楼顶防水措施。

3. 监控后台

（1）机器人能与本地监控后台进行双向信息交互，信息交互内容包括检测数据和机器人本体状态数据；

（2）具备通信告警功能，在通信中断、接收的报文内容异常等情况下，上送告警信息；

（3）具备告警信息自动分类功能，机器人本体告警信息与变电站设备告警信息可显示在不同的告警窗口中；

（4）具备灵活的巡检任务模式设置功能，巡检任务模式设置包括全面巡检、表计读数、红外测温、注油设备油位、开关分合位置等巡检作业任务；

（5）支持全自主、人工遥控两种控制模式下的巡检；

（6）系统能提供巡检机器人采集的实时可见光和红外视频、音频，并支持视频的播放、停止、抓图、录像、全屏显示及音频播放等功能。

4. 网络设施

（1）运维管理单位驻地安装远程集控系统，实现远方对所管辖无人值守变电站智能机器人运行状态和巡检结果的浏览和控制；

（2）远方集控后台可与所管辖的每座变电站本地监控后台进行双向信息交互，信息交互内容包括检测数据和机器人本体状态数据；

（3）系统具备通信告警功能，在通信中断、接收的报文内容异常等情况下，上送告警信息。

（二）巡检道路验收

（1）机器人巡检道路宽度应满足机器人行进、转弯需求，避免机器人偏移、坠落，并不小于机器人机身宽度的1.5倍；道路应做好防滑措施，必要时做横向切线处理且巡检道路边缘规则、表面平整，不得有孔洞、裂纹，施工缝隙留设合理；巡检道路应设置排水孔（间隔宜小于30m），路面泄水通畅、无积水；机器人巡检道路应与变电站原有道路匹配，根据现场实际情况和管控班要求采用混凝土道路或方砖铺设等形式。巡检道路验收如图3.23~图3.25所示。

图3.23　巡检道路验收（一）

图3.24　巡检道路验收（二）

与电缆盖板接触需用隔板相隔

图3.25 巡检道路验收（三）

（2）基建施工所用混凝土原材料及混合比符合标准（C25标准为宜），满足强度要求。冬季施工混凝土应优先选用硅酸盐水泥和普通硅酸盐水泥，水泥标号不应低于425号，混凝土强度不低于C25。

二、预验收

预验收是整个验收环节的第二步，它是对机器人本体与功能的验收，检验机器人能否实现预期的功能。预验收对存在的问题进行记录，应提出整改要求和措施，整改完成并复验合格。预验收应注意以下方面：

（一）机器人本体验收

（1）对于设备本体，首先机器人外壳表面有保护层或防腐设计；外表光洁、均匀，没有伤痕、毛刺等其他缺陷，标识清晰。所有连接件、紧固件有防松动措施；连接线固定牢靠，布局合理，不外露。

（2）机器人内部的电气线路排列整齐、固定牢靠、走向合理，无漏电，便于安装、维护，并用醒目的颜色和标志加以区分。

（3）机器人配备有可见光摄像机、红外热成像仪和声音采集等检测设备；配置声频采集设备，能够对设备运行噪声进行采集、远传、分析并具有环境温度、湿度和风速采集功能；配备声频对讲设备，用于和后台实时对讲；配备夜间辅助照明设备和雨刷器，减小室外雨雪天气对镜头画面的影响。

（4）数字云台可支持拍摄镜头垂直方向 ±90° 和水平方向 ±180° 旋转。

同时，云台配备照明设备，方便夜间巡检可见光图像拍摄。

（二）机器人功能验收

（1）对机器人功能的考察，要关注的是能够对站内设备进行温度检测，测温精度应控制在实际温度±2℃或实际温度×（1±2%）℃；能按照DL/T664—2016《带电设备红外诊断应用规范》的要求对电流致热型和电压致热型缺陷或故障进行自动分析判断，并提出预警。

（2）能对变电站设备的敞开式仪表应进行全覆盖拍照和表计数值读取且照片清晰；可准确识别仪表数字，读取的数据能自动记录并实现智能报警，仪表读取数据的误差在±5%以内。

（3）对变电站注油设备的油位计指示进行全覆盖拍照和读取，照片应清晰，可准确识别油位面情况；读取的数据应能自动记录并实现智能报警，读取数据的误差在±5%以内。

（4）机器人能正确接收本地监控和远程集控后台的控制指令，实现云台转动、车体运动、自动充电和设备检测等功能，并正确反馈状态信息；能正确检测机器人本体的各类预警和告警信息，如电池电量、本体故障及通信情况等，并可靠上报。

（5）支持遥控拍照、摄像功能，支持定时、定点自动拍照、摄像功能。

（6）机器人具有自主充电功能，能够与机器人室内充电设备配合完成自主充电；电池续航能力不小于5h，续航时间内机器人应稳定、可靠工作。

（7）机器人具有按照预先设定路线和巡检点自主行走和停靠的功能，在水平地面上的最大速度应不小于1m/s，最小转弯直径不大于其本身长度的2倍，爬坡能力不小于15°。在1m/s的运动速度下，最小制动距离不大于0.5m，最小越障高度为5cm。

（8）机器人配备防碰撞功能，在行走过程中如遇到障碍物应及时停止，发出声（光）报警并告警至监控后台，在全自主模式下障碍物移除后能恢复行走。

三、竣工验收

竣工验收是对中间验收、预验收中发现的问题进行再检查，确保整改已经到位。通过竣工验收则预示着整个项目的建设已经完成并可以投入使用。

在竣工验收通过后出具竣工验收报告，内容包括机器人性能指标、技术资料完整性、施工质量、巡检点数量、巡检覆盖率和表计识别率等，所有验收单与验收报告应妥善保管。图3.26为某工程竣工验收报告。

国网浙江省电力有限公司变电站智能巡检机器人竣工验收报告

单位名称			
机器人型号		使用类型 （单站或集中使用）	
供货供应商		施工单位	
验收时间		验收地点 （变电站）	
验收责任人		联系电话	
验收情况	主要内容：巡检点数量；巡检设备台数；技术资料完整性、性能指标、后台系统应用、施工质量、售后服务、巡检覆盖率和表计数字识别率等方面验收情况；机器人亮点；对于设备巡检覆盖率及表计数字识别率未达到100%的应给出具体设备并说明原因；信息安全验收情况；其他存在的问题。 单位盖章 （地市公司或省检修分公司运检部） 年　　月　　日		
验收意见	单位盖章 （省公司运检部） 年　　月　　日		

注：应附上每座变电站智能巡检机器人的中间验收单、预验收单及验收问题整改单。

图3.26　竣工验收报告

四、验收常见问题

机器人项目中的验收主要问题有土建设施和配套设施不满足设计要求、巡检点位库遗漏、辅助定置不规范等，下面列举一些常见问题。

（1）充电房、巡检道路是验收时问题频发的地方。例如：

1）某110kV变电站内充电室四周未打膨胀螺丝，或直接采用浇筑水泥的方式，如图3.27所示。

(a) 膨胀螺丝直接浇筑　　　　(b) 膨胀螺丝未打

图3.27　验收中常见问题（一）

2）某110kV变电站内，水泥路面未做防滑处理，路面空壳、边缘破损，较长路面未做切割导致多处开裂，如图3.28所示。

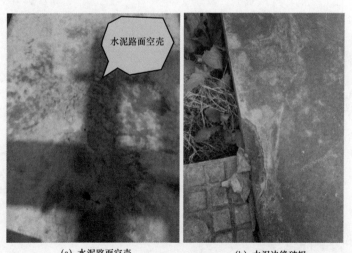

(a) 水泥路面空壳　　　　(b) 水泥边缘破损

图3.28　验收中常见问题（二）

3）某变电站内充电室门禁箱内箱体接地线缠绕方式不规范，充电房门禁箱内穿孔处未封堵，如图3.29所示。

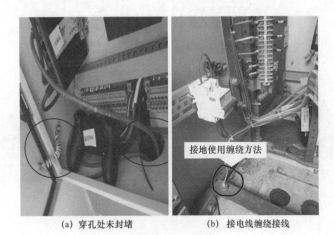

(a)　穿孔处未封堵　　　　　(b)　接电线缠绕接线

图3.29　验收中常见问题（三）

4）某变电站内站用电源系统机器人电源接线不规范，包括未使用独立空气开关，且取自UPS电源。相线、零线出线接线方式不规范（均采用缠绕方式），如图3.30所示。

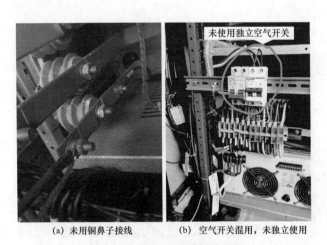

(a)　未用铜鼻子接线　　　　(b)　空气开关混用，未独立使用

图3.30　验收中常见问题（四）

5）某变电站内基建施工完毕后，施工人员未能及时清理现场，遗留建筑垃圾，如图3.31所示。

(a) 现场遗留物件　　　　　(b) 现场遗留建筑垃圾
图3.31　验收中常见问题（五）

（2）巡检点位的遗漏也是在验收过程中出现的共性问题。因为变电站内场地大、设备多，点位多达上千个，这就要求验收人员在验收时对客户端内的点位库逐个进行排查，保证不遗漏任何一个点位。

1）某110kV变电站电压互感器高压熔丝本体及接头、线路间隔出线附近，T接处测温点位缺失，如图3.32所示。

(a) 电压互感器高压熔丝本体及接头　　(b) 线路间隔出线T接处
图3.32　验收中常见问题（六）

2）某变电站主控楼楼顶与变电站高处位置的设备，未设置红外普测，如图3.33所示。

图3.33　验收中常见问题（七）

（3）辅助定置是针对巡检机器的一种重要管理方式，如果前期没做好辅助定置工作，必然会给后期的使用带来不必要的麻烦。

1）机器人充电房内未贴标签、机器人后台主机显示器未贴标签，如图3.34所示。

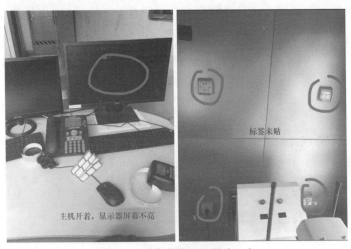

图3.34　验收中常见问题（八）

2）某变电站机器人充电房内电缆上未挂走向标签，如图3.35所示。

图3.35　验收中常见问题（九）

五、试运行

试运行是指在机器人项目竣工验收后、正式投入运行前，需要在一段时间内测试机器人运行效果，观察是否还有其他问题。若出现问题，及时处理并完善之后，才开始投入正式运行。通过试运行，能暴露出基建设施是否存在随时间发展的缺陷以及机器人运行的稳定性和可靠性。

试运行期间需结合人工巡检的经验，开展巡检点位核查工作，检验机器人能否做到点位覆盖100%，还应同步开展人工巡检。两者巡检结果进行比对，以验证其巡检效果。

试运行期间还需定期对机器人本体、监控后台、充电室、通信网络和微气象等设施进行检查，统计故障类型及次数，并及时向厂家人员反馈并寻求解决方案，做好相关记录。

经过一段时间试运行后，机器人巡检若能实现覆盖率和准确率100%，并且各设施故障及异常均已排除，便可正式投入运行。

第四章　机器人应用与管理

机器人日常管理业务主要包括巡检计划编制、运行情况监控、设备缺陷登记、机器人故障维护、设备缺陷跟踪、应急协调调配、维护建设优化等。在实际应用中，机器人的成效体现在发现设备缺陷、替代人工跟踪巡检以及拓展应用方面，所以机器人巡检工作的重心也应围绕这三方面展开。

第一节　管理总述

一、管理模式

机器人的管理模式可分为集控管理和分布管理两种。

集控管理指具备完善的机器人集控系统，由专门的班组对所辖地区所有机器人进行集中管理。集控管理具有管理集中、执行力度高的优点。以国网浙江省电力有限公司某供电公司为例，全市70台机器人的运行管理工作都由专门的机器人管控班组负责。从工程验收到故障维护，包括巡检计划编制、数据审核、缺陷处理，都由管控班专职人员统一开展。对于机器人巡检发现的设备异常，根据缺陷级别及时反馈至10个运维班，由运维班安排人员现场核对缺陷是否属实，并进行缺陷填报工作。当现场设备有异常跟踪需求时，管控班根据实际情况安排跟踪任务，统一传递相关巡检数据。

机器人集控平台如图4.1所示。

分布管理是指尚不具备完善的机器人集控系统，机器人的运行维护由各运维班组分别负责管理。分布管理具有灵活自主的优点，各运维班可根据站里人员配置灵活处理机器人相关事务，对于设备巡检、缺陷跟踪更具主动权。以国

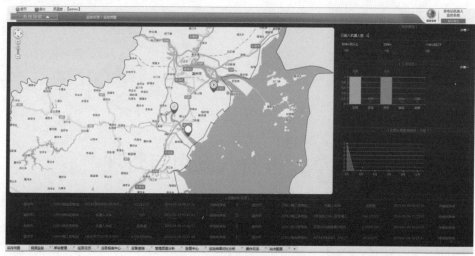

图4.1　机器人集控平台

网浙江省电力有限公司某检修公司为例，23台机器人的管理职责划分至各运维班，由运维班各自负责所辖机器人的任务编制、数据审核、异常跟踪和故障处理。机器人专业管理人员负责整体机器人事务协调与安排。

在管理方式上，各单位可根据机器人集控系统建设情况及自身条件，合理确定机器人管理模式。

二、使用方式

机器人的使用方式分为单站型和集中型。

单站型是指将机器人固定应用于单个变电站巡检的使用方式，如图4.2所示。以下情况，应采用单站型：

（1）一类、二类变电站。

（2）转运路程大于90km。

（3）转运路程超过90min车程。

（4）全面巡检时长超过2天。

（5）重要的三类、四类变电站。

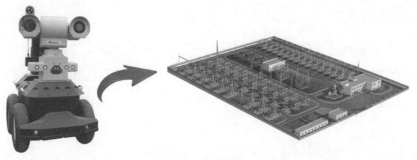

图4.2　单站型使用

集中型是指对机器人进行集中调配管理，实现机器人对变电站"一对多"的巡检方式。在机器人数量不多、而需要巡检的变电站较多的情况下，可考虑采用集中型使用方式，以扩大机器人巡检的覆盖范围，如图4.3所示。

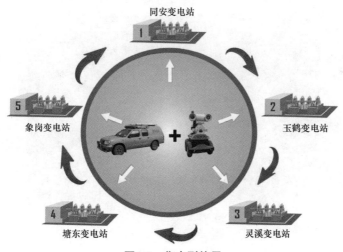

图4.3　集中型使用

采用集中型使用方式时，需要综合考虑变电站的地理位置分布情况、巡检周期要求等因素。以110kV变电站为例，机器人一般两天转运一次。根据《国家电网变电运维管理规定》，四类变电站每两周不少于1次，为了契合规定的巡检周期，每台机器人巡检变电站数量一般不超过7个。采用集中型使用方式时要有合理的转运管理体系，应配置相应的转运车辆和转运人员。

三、巡检要求

（1）配置机器人巡检系统的变电站可由机器人巡检代替人工例行巡检，人工巡检周期可根据实际情况适当调整。针对机器人现场应用的实际情况，可以采取分项目、分点位方式，逐步实现机器人替代人工巡检。依据目前的机器人发展现状，红外测温、避雷器泄漏电流及动作次数抄录、SF_6表计抄录、油位监测、设备位置状态识别等项目可由机器人主要进行巡检，与人工巡检相互补充，建立人机协同巡检机制。

（2）为保证机器人巡检系统安全、可靠运行，运维人员应按照机器人生产厂家提供的技术数据、规范、操作要求，熟练掌握机器人及其巡检系统的使用，同时要具有一定的异常处理能力。对于常见的、简单的机器人故障，可以判断出故障原因，并进行恢复、调整，如图4.4所示。

图4.4　故障排除

（3）运维人员应对机器人发现的设备异常及缺陷及时进行处理，交接班时应将机器人运行情况、异常巡检数据、发现的缺陷及处理情况等事项交接清楚。

（4）机器人巡检任务执行完毕，除了需要关注设备缺陷、机器人故障以外，还需对机器人巡检数据进行核查，对机器人漏测及巡检数据异常的点位开展人工补充巡检；巡检数据应合并保存至机器人巡检数据报表，并补充填写审核人、审核时间及审核意见，形成单次巡检任务完整的巡检数据报表。

（5）现有技术条件下，机器人部分性能、元器件会随着运行时间的增长，出现不同程度的降低和损耗。运维人员每季度应对机器人进行维护，开展机器人停障测试、红外测温数据校核、表计数据校核，并检查各巡检任务巡检点位是否完善和正确。如有问题，及时处理。

四、注意事项

（1）为减少因人为操作失误导致的机器人运行异常，运维人员应按照机器人巡检操作规程，正确使用机器人监控后台，禁止进行如下操作：

1）私自关闭、启动监控后台。

2）安装、运行各种无关软件。

3）删除监控后台程序、文件。

4）私自修改监控后台的设定参数，挪动监控后台的安装位置。

5）私自在监控后台上连接其他外部无关设备。

6）通过监控后台接入互联网。

7）在监控后台上进行与工作无关的操作。

（2）机器人在设备巡检过程中，对有特殊要求或存有重要缺陷的运行设备应重点进行跟踪巡检。在各类保供电、事故跳闸、设备异常或有其他工作需求时，若满足机器人巡检条件则应充分利用机器人进行现场设备巡检。

第二节　运维管理

一、概述

（一）巡检类型

国家电网公司规定机器人巡检类型包括例行巡检、全面巡检、专项巡检和特殊巡检，与人工巡检相对应。

例行巡检是指利用机器人对变电站内一次设备状态、外观，设备渗透油、表计，变电站运行环境等方面进行的常规性巡查，即可见光照片类的巡检。

全面巡检是指在机器人例行巡检的基础上，开展一次全站设备红外巡检。

专项巡检是指利用机器人根据设备巡检的需求所开展的巡检任务，如全站红外测温、表计读取等。

特殊巡检是指因设备运行环境、方式变化而开展的巡检。遇有以下情况，应设置特殊巡检任务：

（1）在迎峰度夏（迎峰度冬）时期，选取设备本体、触头、线夹等作为巡检对象进行重点测温。

（2）台风、洪水等天气下，利用机器人对场地进行监测。

（3）对设备缺陷进行跟踪。

（4）设备发生故障后进行应急巡检。

（5）设备状态发生变化后进行判断。

（6）在特殊运行方式下，对相应设备进行重点监测。

全面巡检应根据变电站规模大小、机器人巡检时长等因素进行灵活调整，将全面巡检分成例行巡检和全站红外测温替代。

（二）任务设置

机器人定时巡检任务设置时，主要有全面巡检、例行巡检、全站红外测温及单类设备专项巡检。在实际设置时，可按照区域、可见光/红外照片来进行任务划分。另外，机器人日常计划任务设置应结合要求的巡检周期、巡检任务耗时及巡检时间段合理安排。

以一个220kV变电站为例：日常计划任务建议将220kV变电站划分为220kV、110kV、35kV、主变压器四个区域。每个区域均设置区域例行巡检、红外测温、区域全巡等任务。

当站内没有检修任务时，220kV+35kV+主变压器区域的测温点位可以设为一个任务，而巡检完这三个区域一般需要2~3h。110kV区域面积较大，巡检完时间也需要2~3h，所以110kV测温一般单独设置一项任务。

当站内有检修、基建工作时，任务编制可以更加灵活，来避开检修区域。比如220kV线路电流互感器检修时，任务可以设置35kV+主变压器测温任务，以及110kV测温任务。只有220kV区域暂停巡检。

可见光任务设置是也可以按照这个思路，规避检修区域，尽量避免发生全站停止巡检的情况。随着机器人巡检系统的发展完善，系统将会内置"检修区域隔离"功能，帮助划定检修区域，自动屏蔽检修区域的点位，并且绕行检修区域，如图4.5所示。未来这项功能将实现更智能的任务设置。

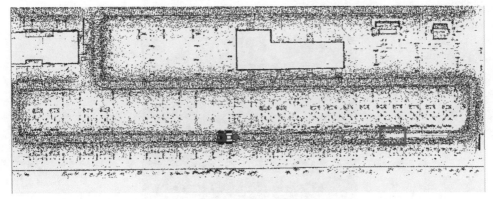

图4.5　检修区域隔离

可见光任务中，如果细分，可以针对不同类型的设备设置专项巡检任务，包括：避雷器专项巡检、主变压器油位和SF_6表计专项巡检、隔离开关分合闸状态识别、人工辅助判断专项巡检（包括硅胶、主变压器和电流互感器地面油渍、端子箱、避雷针、场地环境等需要人工查看的设备）。

除了上述的定时任务，根据设备监控需要还要增设临时巡检任务，即特巡任务。在定时任务无法满足跟踪、巡检要求，不能有效掌控缺陷变化状态时，或者特殊时期开展专项排查任务时，可以增加特巡任务。

在多个变电站配有机器人巡检时，巡检任务名称应统一规范，简洁明了地反映巡检种类和巡检内容。巡检任务应根据巡检类型安排对应时段，例行巡检宜在白天开展，红外测温宜在夜间负荷高峰开展，每个任务之间需间隔充裕的时间进行充电，以保持续航能力。专项巡检及特殊巡检按需求开展，各变电站应建立需重点关注问题的特殊巡检任务，包含所有已知的发热点及表计数据异常点，按照特巡周期要求开展跟踪工作。

设置巡检任务时，运维人员应确保机器人巡检路线无障碍。在变电站有检修或基建工作时，及时取消巡检任务。因为此时场地中往往有检修围栏、设备、车辆、人员、建筑材料等设施引起环境变动，激光导航类机器人的激光扫描到的环境结果和电脑中存储的原电子地图无法匹配上，便会引起机器人停障。尽管导航程序在编程时考虑了一定的容错裕度，但当匹配率过低时，机器人仍会误跑误撞。偏离正常巡检路线，如闯进草皮等地方，如图4.6所示。因此，运维人员要及时调整机器人巡检计划或巡检范围，避免发生不必要的运行异常。

图4.6　机器人偏轨

（三）周期规定

国网公司对变电站巡检周期的要求如下：一类变电站每2天至少巡检1次；二类变电站每3天至少巡检1次；三类变电站每周不少于1次；四类变电站每两周不少于1次，特殊时段和特殊天气应增加特巡。在统筹考虑机器人充电时间、变电站巡检规模等因素后，巡检周期可参考如下规定：

（1）全面巡检：220kV及以上变电站每周不少于1次，110kV及以下变电站每月不少于1次。

（2）例行巡检：220kV及以上变电站每周不少于2次，110kV及以下变电站每两周不少于1次。

（3）全站红外测温：220kV及以上变电站每周不少于1次，110kV及以下变电站每两周不少于1次。

（4）特殊巡检：特殊时段和特殊天气时按需开展。

单站型机器人一般应用于220kV及以上变电站或地理位置特殊的无人值守变电站，可按照变电站规模，分区域、分时段、分类型合理分解全面巡检工作，每3天开展1次全面巡检（例行巡检和全站红外测温），并合理安排裕度，避免机器人满负荷运行，便于应对临时巡检和缺陷跟踪等。

集中型机器人一般应用于110kV及以下变电站，分片区集中调配的变电站不多于7个，各变电站每两周机器人全面巡检次数应不少于1次。各区域机器人同时作为该区域应急巡检和缺陷跟踪备用。

（四）巡检计划

运维人员需每周定时更新今后的双周巡检计划和转运计划，运维班按照提供的双周巡检计划及运维班工作现状进行任务设置和调整，并安排相应转运计划，对临时变更或计划调整提前告知。机器人管理人员每周需检查上周巡检计划执行情况和完成率，并进行记录和评价考核。

在使用单站型机器人时，巡检计划按照巡检周期进行编制，建议考虑以下因素（以220kV及以上变电站为例）：

（1）有生产检修计划，机器人需要停止巡检。

（2）机器人异常故障，需要修复而停止巡检。

（3）为特殊巡检任务留出时间裕度，保证充足电量。

（4）专项设备排查等需要设置专项巡检。

（5）应急情况调配进行缺陷跟踪。

在使用单站型机器人时，220kV及以上变电站每3天开展一次全面巡检，全面巡检可分解为全站红外测温和例行巡检并分别进行。一般例行巡检安排在白天进行，红外测温在晚上负荷最高时期进行巡检（19~22时）。每周巡检任务原则上不排满，根据不同电压等级变电站设置时间裕度，用于计划检修或临时故障后进行补充巡检和数据排查。可参考图4.7所示的单站型巡检计划。

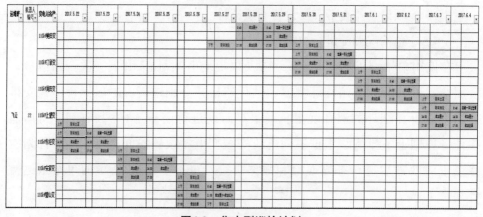

图4.7 单站型巡检计划

在使用集中型机器人时，按照巡检周期要求。安排计划以110kV变电站为例，一般两天转运一次，转运时间以半天为准。例如，上午从一个变电站转运到达另一个变电站，下午开始新变电站的巡检，中间留有时间裕度，巡检任务根据转运计划提前安排，转运人员只需按要求在任务开展前将机器人转运到位。同时，如遇应急跟踪任务需机器人执行，调整转运计划，暂停机器人周转，或者调配备用机器人替代。如遇变电站检修工作，可以前后调整巡检变电站的顺序以规避检修工作。可参考图4.8所示的集中型巡检计划。

图4.8 集中型巡检计划

对机器人巡检计划编排设置工作，根据不同网络条件、软件条件及管理方式，主要分为以下三种：

（1）对于已经具备统一组网且有集控平台统一管理的班组，可进行远方集中统一设置控制。

（2）对于已经具备统一组网但没有集控平台统一管理的班组，可通过远程桌面方式远程就地客户端，设置相应巡检任务并进行数据查询。

（3）对于不具备统一组网且没有集控平台统一管理的班组，通过定期前往无人值班变电站进行任务设置和数据查询。

二、任务编制

机器人任务编制是机器人巡检的开始。灵活、合理的组合任务类型，可以提高机器人的巡检效能。由于各机器人厂家所研发的机器人集控平台的操作大同小异，下面以某厂家的集控平台为例，详细介绍任务编制的操作流程。

（一）点位选择

1.通过预先设定的分类选择巡检点位

在"任务管理"中可以对全面巡检、例行巡检、专项巡检等预设的各类常用专项巡检任务进行点位选择，如图4.9所示。

（1）若对变电站所有点位进行巡检，可选择全面巡检。

（2）若对除红外测温点位以外的点位进行巡检，可选择例行巡检。

（3）若对变电站设备开展专项巡检，可根据需求选择红外测温、油位/油温表抄录、避雷器表计读取、SF_6压力抄录、液压表抄录、位置状态识别等专项巡检项目进行任务的快速编制。

（4）若开展特殊巡检项目，可选择特殊巡检，例如：恶劣天气特巡，即根据预先设定的字段选择点位。

（5）选择巡检类型后，进入任务编制页面。系统会根据选择的巡检类型将设备区域、设备类型、识别类型、表计类型、巡检点位等选项全部选中。如果需要对点位进行调整，可通过点击勾选来取消点位。

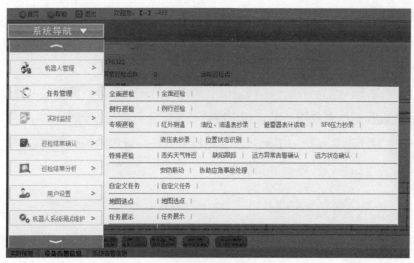

图4.9 任务选择

2.根据运维需求随意选择巡检点位

（1）通过对不同字段的选择，对任务内容进行修编。在自定义任务编制页面（见图4.10），运维人员可根据需求，勾选需要巡检的项目，例如：220kV设备区域，隔离开关，位置状态识别。勾选后系统就会选中220kV电压等级的所有隔离开关的位置状态识别点位，从而添加至任务中。

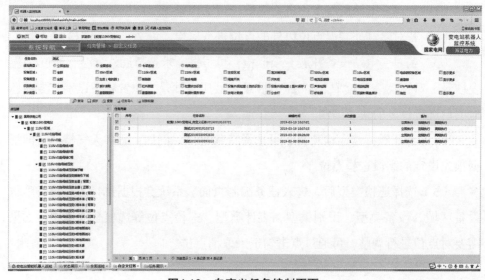

图4.10 自定义任务编制页面

（2）通过接线图画面选择巡检点位。在接线图页面，通过鼠标框选本次任务的巡检设备（见图4.11），或点选目标设备来选择巡检点位。系统提供设备清单（见图4.12），可对巡检点位进行微调。

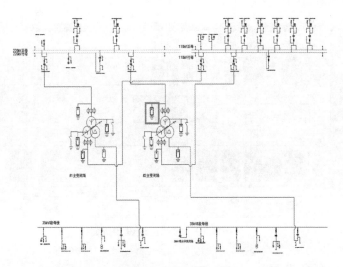

图4.11 框选设备

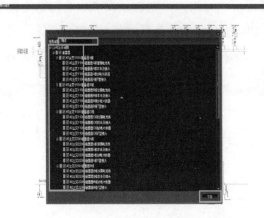

图4.12 定位清单

（3）规避检修区域。当变电站内的部分设备进行检修工作时，设置的安全围栏将导致机器人无法通过此路段。此时，可以通过在平台上设置检修区域来避开此区域。

在检修区域设置页面（见图4.13），通过鼠标选定需要隔离的检修区域，对检修区域进行命名并确认后将此区域划出巡检范围（检修区域内的巡检点位均不纳入巡检范围）。此时，在页面右下角会显示检修区域列表，检修区域名称可由运维人员自行修改。

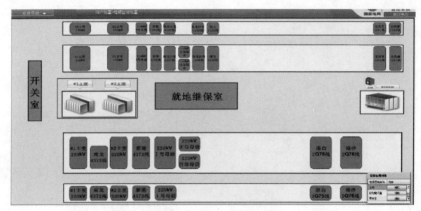

图4.13　检修区域设置页面

（二）任务设置

在设置巡检任务时，运维人员通过预设点位、勾选巡检项目等方式在选择需要的巡检点位，即可生成巡检任务，如图4.14所示。

图4.14　生成巡检任务

集控平台同时提供历史任务导入功能，将历史任务导入到任务编制页面，进行细微调整后，可快速完成任务编制，如图4.15所示。

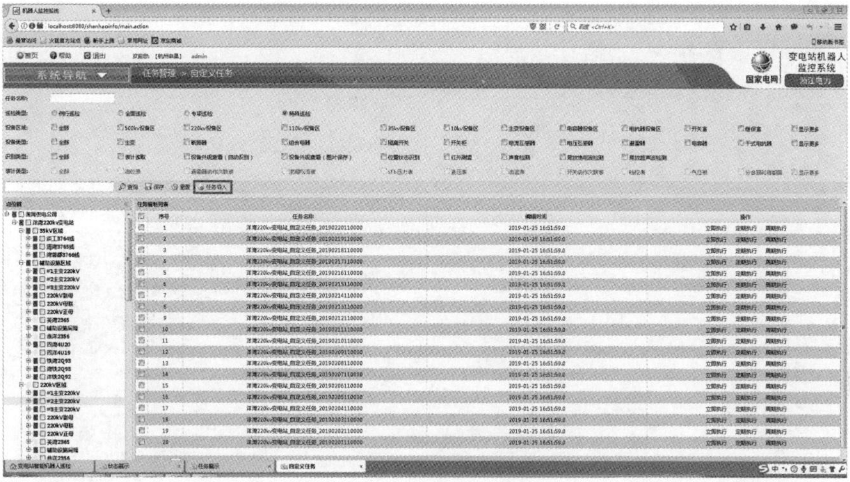

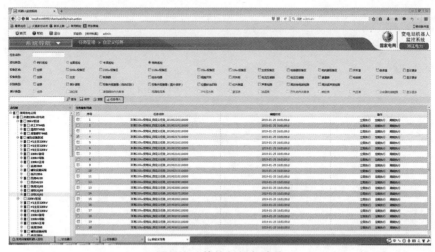

图4.15 任务列表界面

（三）周期设置

巡检任务生成后，可选择立即执行、定期执行、周期执行将任务下发，让机器人执行，如图4.16所示。

图4.16 待执行任务清单

1.立即执行

是指以当前时间作为开始时间，选择任务预期的结束时间，让机器人立即执行任务，如图4.17所示。

图4.17　立即执行

2.周期执行

（1）按星期：每周选择特定日期开展巡检任务，例如：每周一、周二、周日的11：09开始任务，如图4.18所示。

图4.18　按星期执行

（2）按间隔天数：每隔几天进行巡检任务，例如：每隔2天巡检1次，即每4天巡检一次，如图4.19所示。

图4.19 按间隔天数执行

（四）计划管理

巡检任务设定完毕后可在"任务管理"—"任务展示"里查看巡检计划。任务展示以月历形式显示所有下发的巡检任务。月历上每一日的单元格内显示当日所有已下发任务的执行时间、任务名称，并且根据任务状态改变显示字体的颜色：执行完成，绿色；中途终止，褐色；正在执行，红色；等待执行，蓝色；任务超期，黄色。

在窗口右上方，提供按任务状态、时间段、任务名称关键字查询功能。在窗口右下方，以列表显示前述查询条件下的所有任务，每条任务应显示任务名称、执行时间、任务状态。任务名称输入框支持模糊查询功能。巡检任务月历展示如图4.20所示。

图4.20 巡检任务月历展示

1. 查询

月历上支持按月份查询任务，表格上支持按任务状态、任务时间、任务名称模糊查询，如图4.21和图4.22所示。

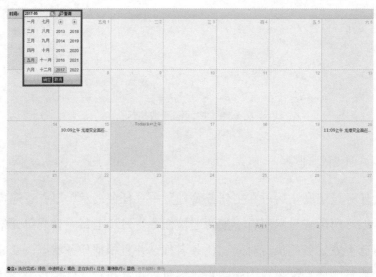

图4.21　按月份查询

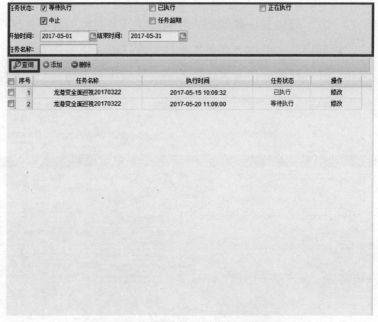

图4.22　按任务名称、任务时间查询

2. 添加

可添加新的自定义巡检任务，如图4.23和图4.24所示。

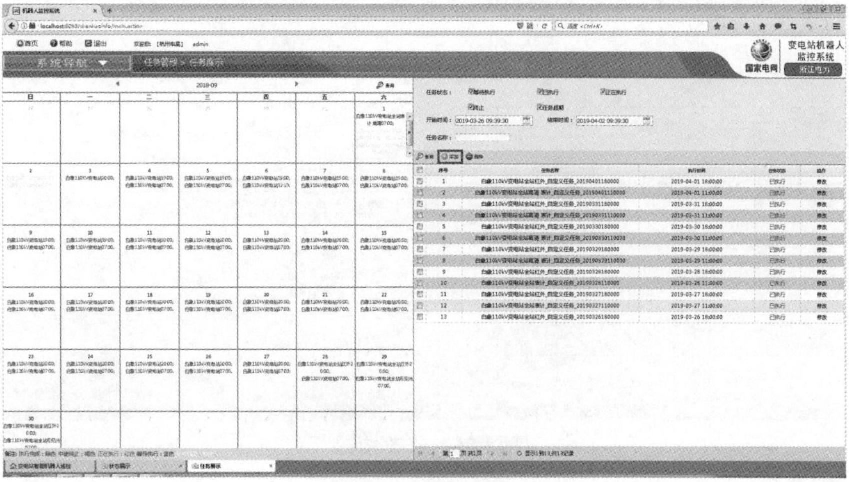

图4.23　添加按钮

图4.24　添加任务编制

可按照查询条件筛选设备点位。通过筛选任务所需点位后下发（方法与自定义任务编制一致）。

3. 修改

在任务编制窗口进行任务修改，如图4.25所示。已执行和正在执行的任务不可修改。

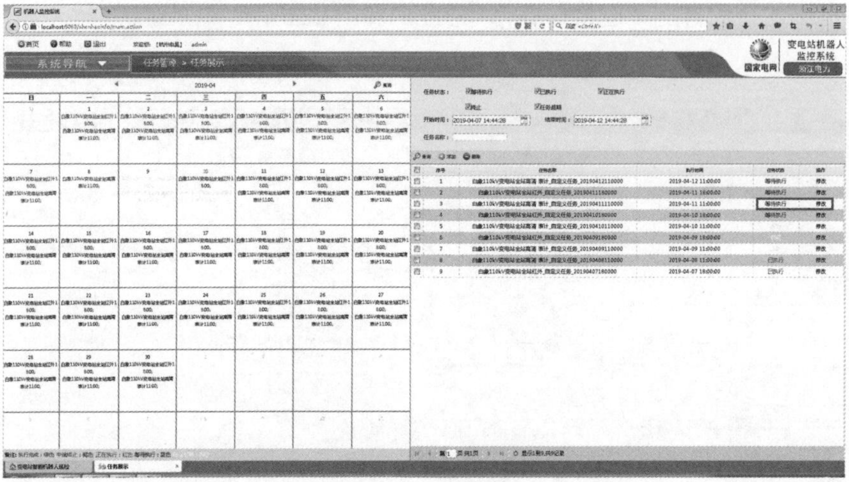

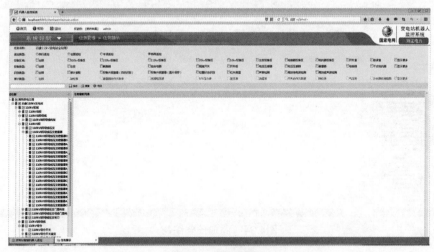

图4.25　修改按钮

修改功能只可修改巡检类型、任务开始时间、结束时间（选择开始时间，结束时间要避免与任务时间冲突）、巡检点位，如图4.26所示。任务名称不可修改。

图4.26　修改任务

4. 删除

当变电站内有检修工作时可删除定时任务，如图4.27所示。已执行和正在执行任务不可删除。

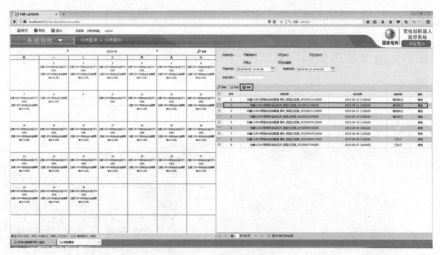

图4.27　删除任务

三、巡检执行

（一）运行状态管控

在机器人运行过程中，运行人员需要关注巡检执行的完整性，并做好运行状态、巡检任务完成情况、机器人本体异常故障情况的实时记录、反馈、消缺和闭环管理，保障机器人正常运行。

根据巡检运行情况，每日可定时开展2~3次监控机器人工作，对机器人的运行状态和巡检任务执行情况进行核查。检查机器人是否按照巡检计划进行巡检，确保机器人的巡检任务正常开展；主要检查机器人是否按计划安排发送巡检任务，巡检任务是否按规定时间正确完成，如没有完成应及时查明原因。若非机器人故障，应及时补发巡检任务；若机器人故障导致巡检无法正常进行时，应启动机器人故障处理的相关流程。

在机器人巡检结束后，运维人员应检查机器人是否返回充电房执行充电任务。若未返回充电房，应重新发送返回充电任务。若重新发送充电任务失败，应启动机器人故障处理的相关流程。机器人因故障无法进行巡检时，要做好机器人故障问题记录、分析和处理，采用备用机器人进行替代巡检。若无备用机器人，需要按周期要求立刻恢复变电站人工巡检。

（二）运行实时监视

巡检任务开始执行后，运维人员可通过监视界面查看任务执行情况，如图4.28所示。

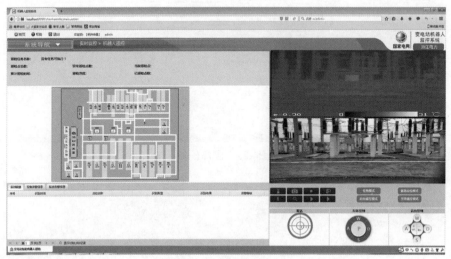

图4.28　监视界面

模块功能介绍：

（1）巡检任务状态栏（区域1）：实时查看巡检任务的执行情况，包括本次任务的巡检点总数，预计巡检时间、巡检进度（百分比显示）、已巡检的点数等。

（2）巡检地图（区域2）：实时查看机器人所在位置及巡检任务规划的路径。

（3）视频窗口（区域3）：实时查看机器人采集到的红外画面和可见光画面。

（4）信息栏（区域4）：查看机器人巡检信息、巡检中发生的告警信号（包括机器人本体以及巡检点告警信息）等。运维人员可通过不同告警等级设置告警信息，以短信的方式将告警信息发送给运维人员，以便及时进行处理，通过"系统导航→用户设置→消息订阅"进入设置界面，如图4.29和图4.30所示。系统提供了告警信息的等级、发送时间、发送频率、选择接受人员等选项。

图4.29　设备告警信息订阅设置

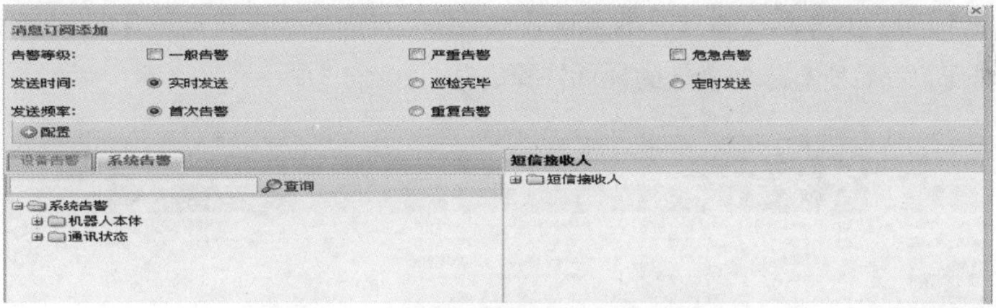

图4.30　机器人系统告警信息订阅设置

（三）结果展示方式

巡检结果展示分为巡检过程实时展示、最近一次巡检结果展示及历史巡检结果展示三种方式。运行人员可任意选取一种，对每日巡检结果进行查看。如有告警，应对告警数据进行审核。在接到订阅信息后应立即查看、审核数据，若确实存在异常的，应根据缺陷情况做相应处理。

（1）巡检过程实时展示包含正常信息与告警信息。

正常信息：巡检过程中产生的正常信息能在实时监视窗口展示，无需人员监视；

告警信息：巡检过程中的告警信息可在实时监视画面、间隔展示画面、接线图展示画面实时展示告警信息，如果这个巡检点位的这个等级的告警信息已被运维人员订阅，系统将告警信息以短信形式实时发送给相应的运维人员。

（2）最近一次巡检结果展示可通过间隔展示画面、接线图展示画面以不同颜色来标识设备最近一次巡检结果。

（3）历史巡检结果展示可以在巡检结果浏览里对历史数据进行查看。

（四）结果查阅操作

巡检任务结束后，会生成待审核巡检数据，运维人员可通过不同方式查阅巡检结果。

1. 告警信息查看

机器人巡检产生的告警信息通过列表、间隔、接线图三种方式进行展示，运维人员可根据个人习惯对查看方式进行选择。

（1）列表方式。通过"系统导航→巡检结果确认→设备告警查询确认"进入页面，查看所有未经确认的异常告警信息，如图4.31所示。

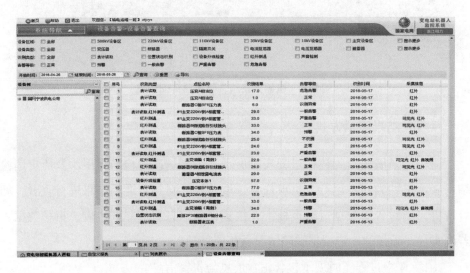

图4.31　设备告警查询

（2）间隔展示方式。通过"系统导航→巡检结果确认→间隔展示"进入页面。间隔展示主要以间隔光字牌形式直观显示全站设备告警情况，具备模糊查询功能，如图4.32所示。本间隔正常时显示为绿色，预警状态时显示为蓝色，一般缺陷时显示为黄色，重要缺陷时显示为橙色，危急缺陷时显示为红色（间隔名称颜色以最高告警等级显示）。

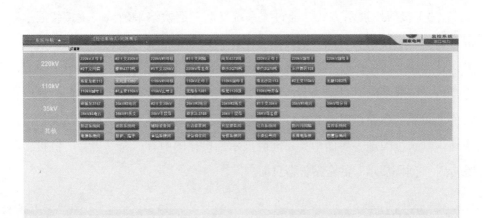

图4.32　间隔展示

点击全站告警一览表的间隔名，进入间隔告警页面，显示该间隔的所有点位，点位正常时显示为绿色，预警状态时显示为蓝色，一般缺陷时显示为黄色，重要缺陷时显示为橙色，危急缺陷时显示为红色，如图4.33所示。

图4.33　间隔告警页面

（3）接线图展示方式。通过"系统导航→巡检结果确认→主接线展示"进入页面。主接线图可以直观显示变电站设备告警情况。根据最近一次巡检结果，分色显示设备状态，如图4.34所示。正常状态下显示绿色，预警状态时显示为蓝色，一般缺陷时显示为黄色，重要缺陷时显示为橙色，危急缺陷时显示为红色（间隔名称颜色以最高告警等级显示）。同时，具备闪烁提醒功能，信息未确认时颜色闪烁。界面中具备间隔展示链接，图中有"全站告警"链接，可跳转到"间隔展示"的全站告警页面。

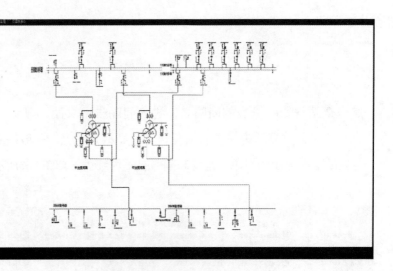

图4.34　接线图展示页面

2.巡检结果浏览

通过"系统导航→巡检结果确认→巡检结果浏览"进入页面。巡检结果浏览主要以设备树的形式，按照巡检点位设置次序，依次逐点查询本次巡检任务所包含点位的采集信息，同时对这些信息进行核对、确认，如图4.35所示。所有点位前均以颜色标记设备最后一次巡检结果。正常状态下显示绿色，预警状态时显示为蓝色，一般缺陷时显示为黄色，重要缺陷时显示为橙色，危急缺陷时显示为红色。

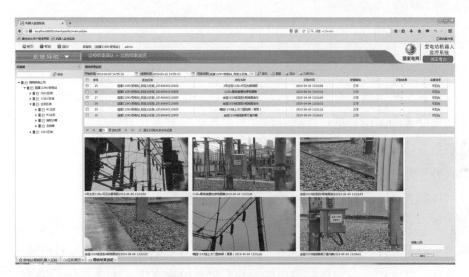

图4.35 巡检结果浏览页面

3.巡检报告生成

通过"系统导航→巡检结果确认→巡检报告生成"进入页面。运维人员可根据时间段、任务类型筛选任务，对需要生成报告的任务可将任务报告以文档形式导出，如图4.36所示。

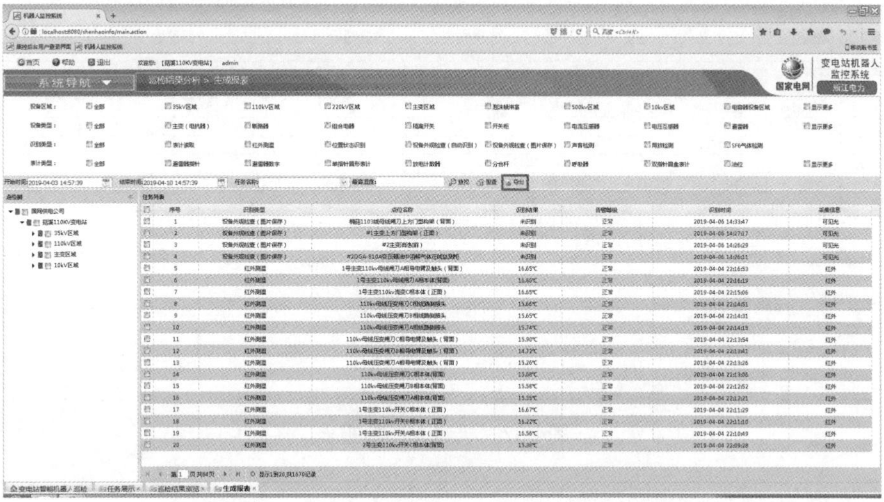

图4.36 报告生成页面

四、数据审核

(一) 数据审核管理

数据审核工作是在机器人运行状态良好、巡检结果展示清晰、巡检计划任务按期完成的基础上进行，核查机器人当日巡检数据、异常报警信息、历史巡检结果等。数据核查主要分为两类：一类是审查机器人自身原因引起的数据异常，另一类是巡检设备本身的异常数据。

机器人的日常数据审核工作隶属于运维日常工作范围。当值人员于前一日交接班后至每日交接班前（一般交接班前1h）进行数据审核，主要对当天完成的巡检报表进行审核（见图4.37）。数据审核工作每日开展一次，审核完成后做好审核记录工作和分析处理，当值负责人负责审核确认并签字。交接班时应将机器人运行管控情况、数据审查结果、异常处理分析结果、当日设备缺陷情况等事项交接清楚。

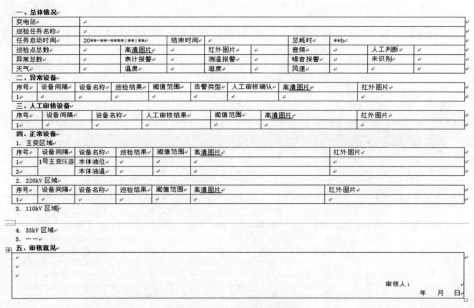

图4.37 机器人巡检报表

数据审核时应注意以下几点：

（1）审核巡检报表时，要对设备缺陷异常数据进行确认、核查、分析、分类和定级。

（2）对于表计抄录工作的点位，首先要核对数据识别是否准确，结合前几次数据进行分析。

（3）红外测温主要从历史测温曲线及三相对比出发，根据电压制热型和电流制热型设备的特点，结合变电一次设备标准缺陷库，进行分析、定级。

（4）数据核查发现新增设备缺陷异常点时，应立即安排人工复核。若人工复核确认为设备缺陷，应按照人工发现设备缺陷的汇报流程进行缺陷汇报、填报及处理，同时将该缺陷点位加入变电站重点关注点位库，设置特巡跟踪任务，按缺陷点位库进行特巡管控。

（5）设备异常现场确认为数据误报，则在该条数据的审核意见中填写"误报警"。若是已知异常点，应对该点位的历史数据进行比对，分析异常趋势，做好异常管控。

（6）如果数据核查发现因机器人本身原因导致无数据或未识别的数据，应核查遗漏设备的巡检周期是否仍满足人工巡检的周期要求。若无法满足人工巡检要求时应安排人工巡检，确保现场设备巡检覆盖率100%。

（7）有需要时，人工巡检数据应填入对应的机器人巡检数据表中，或者与机器人数据一起存放，以保证数据的完整性及准确性；满足周期要求时原则上不安排人工巡检，相关数据在审核意见中写明情况即可。

（8）核查每个错误巡检点位近几次的异常情况，排除阳光、灯光、环境影响后，如果确实为异常错误的巡检点，则记录在机器人异常点位库中，并启动机器人巡检点位完善流程（见图4.38），安排厂家维保。

（9）此外，若因环境变化、新改扩建设备、表计更换等情况造成漏检或定值告警范围发生变化需调整时，应记录在机器人运行情况汇总表中（见图4.39），运维人员安排维保人员进行增加和修改。

（10）最后，对报表中机器人无法自动判别的数据，需要开展人工辅助查看确认，对机器人无法巡检以及其他无法准确反映现场设备运行等情况（各类箱体、继电保护设备等），应按照周期要求安排人工进行补充巡检，确保现场设备巡检覆盖率100%。

巡检点完善流程图

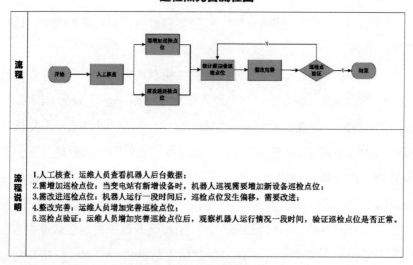

图4.38　巡检点完善流程

年　月　日

机器人	巡检站所					
异常信息			异常类型			
时间	任务名称	红外读数异常	表计拍摄偏离	表计拍摄对焦模糊	表计读数错误	其他

注释：
1. 红外读数异常：因为读数异常或者正常范围设置错误等情况误发警告。
2. 表计拍摄偏离：可见光图像未拍摄到表计，需要人工现场确认。
3. 表计拍摄对焦模糊：可见光图像拍摄到表计，但对焦有问题，画面模糊，需要人工现场确认。
4. 表计读数错误：可见光图像拍摄到表计，画面清晰，但读数错误。

图4.39　机器人运行情况汇总表

（二）数据审核操作

通过"系统导航→巡检结果确认→设备告警查询确认"进行操作。普通权限的运行人员进入审核页面，可对机器人巡检数据进行审核确认。选择告警数据后弹出审核页面，但只可对选择的单一告警数据进行审核。

　　管理人员进入时，可对告警数据进行批量确认，如图4.40所示。选择待审核任务后弹出待审核告警数据清单页面，点击某一待审数据，弹出审核页面，管理人员可通过上下页选择，进行快速审核。所有告警数据审核完毕后，点击点位清单中的保存按钮即完成审核工作，如图4.41所示。

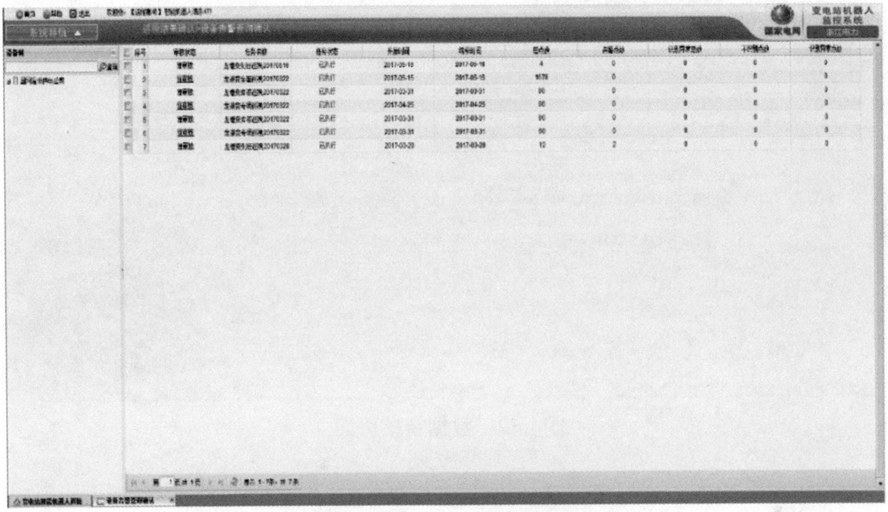

图4.40　管理人员进行批量确认

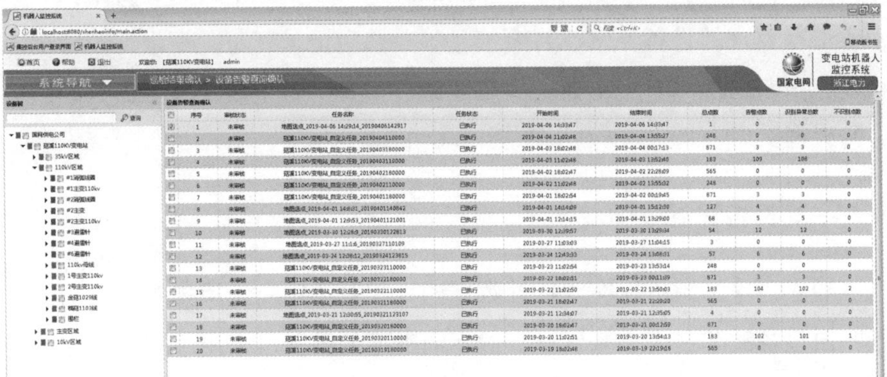

图4.41　待审核点位清单页面

　　无论是逐条审核，还是批量审核，审核页面默认显示结果"识别正确"。

如运维人员发现数据存在错误，可选择"识别错误"，并对数据进行修正后保存，如图4.42所示。

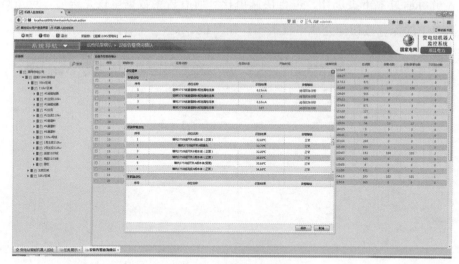

图4.42　数据审核页面

五、异常处理

管理人员应加强对缺陷的分析处置能力，正确处置不同的异常情况。对于机器人巡检发现的设备异常、告警信息等要及时记录完整，汇报缺陷情况。关注机器人运行情况，对于机器人故障要做好记录，对于多发故障做好问题分析并及时处理。

（一）设备异常分析

机器人巡检系统可以实现红外数据的三相对比判断、历史对比等功能，自主判断出设备缺陷。人工判别时，对不同类型的设备可采用不同的判断方法和判断依据，并根据热成像特点进一步分析设备的缺陷特征。以下列举常见的发热类缺陷判断方法。

（1）表面温度判断法：主要适用于电流致热型和电磁效应引发热的设备。根据测得的设备表面温度值，结合环境气候条件、负荷大小进行分析判断。

（2）同类比较判断法：根据同组三相设备、同相设备之间及同类设备之间对应部位的温差进行比较分析。

（3）图像特征判断法：主要适用于电压致热型设备。根据同类设备的正常状态和异常状态的热像图，判断设备是否正常。注意尽量排除各种干扰因素对图像的影响，必要时结合电气试验或化学分析的结果，进行综合判断。

（4）相对温差判断法：主要适用于电流致热型设备。特别是对小负荷电流致热型设备，采用相对温差判断法可降低小负荷缺陷的漏判率。对电流致热型设备，发热点温升值小于15K时，不宜采用相对温差判断法。

（5）历史数据分析判断法：分析同一设备不同时期的温度场分布，找出设备致热参数的变化，判断设备是否正常。

（6）实时分析判断法：在一段时间内使用机器人连续巡检某被测设备，观察设备温度随负荷、时间等因素变化的方法。

对于不同级别的发热缺陷，需有不同的处理手段。按发热程度的不同可分为一般缺陷、严重缺陷及危急缺陷。具体处理方案为：

1）一般缺陷是指设备存在过热，有一定温差，且相间温差大于15℃，温度场有一定梯度，但不会引起事故的缺陷。这类缺陷要及时记录在案，结合日常巡检定期收集机器人测温数据，观察其缺陷的发展，利用停电机会检修，有计划地安排试验检修以消除缺陷。对于负荷率小、温升小但相对温差大的设备数据，如果负荷有条件或机会改变时，可在增大负荷电流后进行复测，以确定设备缺陷的性质。当无法改变时，可暂定为一般缺陷，加强机器人监视。

2）严重缺陷是指设备存在过热，程度较重，温度场分布梯度较大，温差较大的缺陷，应按每两小时设置缺陷跟踪任务，每日利用三相对比、历史曲线等手段判断缺陷发展趋势。这类缺陷应尽快安排处理。对电流致热型设备，应采取必要的措施，加强跟踪巡检，必要时降低负荷电流。对电压致热型设备，应加强跟踪并安排其他测试手段，确认缺陷性质后立即采取措施消缺。

3）危急缺陷是指设备最高温度超过规定的最高允许温度的缺陷。这类缺陷应立即安排处理。对电流致热型设备，应立即安排人员现场核对确认，及时汇报调度，降低负荷电流或立即安排消缺。对电压致热型设备，当缺陷明显时，应立即消缺或退出运行，如有必要，可采取其他试验手段，进一步确定缺陷性质。

（二）平台分析功能

1. 横向对比分析

可通过"系统导航→巡检结果分析→对比分析"进入数据分析界面。在设备树处通过模糊查询，选择同间隔内三相设备的点位，例如主变压器中压侧A、B、C三相避雷器泄漏电流表数据。通过时间段、信息类型（红外、可见光、音视频）等筛选条件，查询所需点位的历史数据（区域2）、状态趋势图（区域3）、图片、音视频信息（区域4），如图4.43所示。图像数据单页显示可选择3×3显示方式，每相一列进行对比显示，方便进行三相数据的横向对比，对设备的运行状况进行分析。

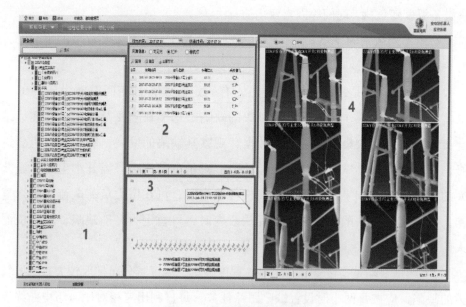

图4.43　数据横向分析页面

2. 纵向对比分析

运维人员可通过"系统导航→巡检结果分析→对比分析"进入数据分析界面。同样可通过模糊查询查找点位。可显示单个点位的所有历史数据（区域2）、数据趋势图（区域3）、图片、音视频信息（区域4），如图4.44所示。图像数据单页显示可选择2×2、2×3、3×3三种显示方式，每页最多显示9张。根据数据的变化趋势对设备的运行状况进行分析。

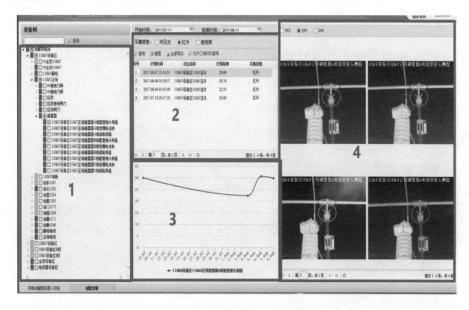

图4.44　数据纵向分析页面

3. 报表报告生成

通过"系统导航→巡检结果分析→生成报表"进入页面。运维人员可通过时间段、设备区域、设备类型、识别类型、表计类型选择及设备树模糊筛选进行查询条件组合设置，选择需要的巡检点位，生成需要的报表内容，如图4.45所示。

图4.45　报表生成页面

（三）设备缺陷处理

机器人发现设备缺陷后，需对其进行全过程管控，记录缺陷处理流程，对缺陷流程进行闭环处理，并及时更新机器人缺陷记录情况（见图4.46）。对新增的缺陷，要及时记录至机器人巡检设备缺陷情况汇总表。一般缺陷由人工补充巡检时进行核对；对重要及以上设备缺陷，应立即安排人员到现场核对，结合人工确认结果，启动缺陷处理流程，并在PMS中上报设备缺陷流程，如图4.47所示。

图4.46　设备缺陷情况汇总表

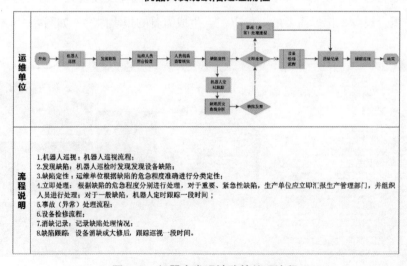

图4.47　机器人发现缺陷的处理流程

（四）动态缺陷跟踪

对于受环境、电网负荷等影响，变化较大的动态缺陷，可以充分利用机器人属地化以及巡检频率高的优势，对缺陷进行跟踪记录。对现存设备异常数据，各运维班组可以建立需重点关注问题的异常点位库，包含所有已知的发热点及表计数据异常点，运维人员根据缺陷严重程度制定机器人特巡任务。一般情况下，普通的发热缺陷可结合机器人日常例行巡检进行跟踪，以周或者月为单位进行。而重点关注的设备缺陷需提高机器人巡检频率，以满足跟踪汇报要求。最简单的办法就是在每个任务中都增加特巡点位。如果巡检频率还不够，可以增设特巡任务。必要时使用机器人实时监视，对于跟踪情况应该做好记录留底备案，如图4.48所示。

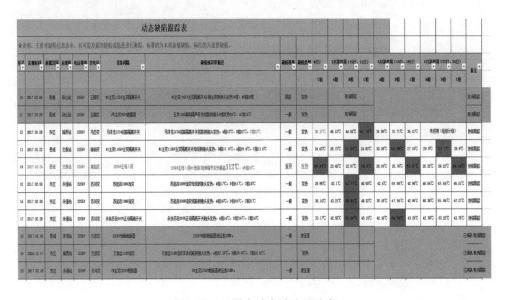

图4.48　机器人动态缺陷跟踪表

另外，在跟踪发热类缺陷时，当机器人测温角度不是最佳角度，或者设备测温点离机器人较远，机器人测温结果会低于实际发热最高温。此时，用机器人进行跟踪时，可以通过人机同步测温对其测温结果进行简单的人工修正。具体做法是：由人工测量出发热的实际最高温，与机器人测温数据进行比较，如果机器人测温低于人工手持式测量温度，则记录下两者差值。今后由机器人代替人工跟踪时，在结果上加上这个差值即可测算出接近真实值的测温数据。

在集控平台上进行跟踪巡检时，可通过"系统菜单→任务管理→特殊巡检→缺陷跟踪"进行。选择缺陷跟踪任务后，会将所有异常点位加入到巡检任务，并根据巡检需求对点位进行筛选，如图4.49所示。

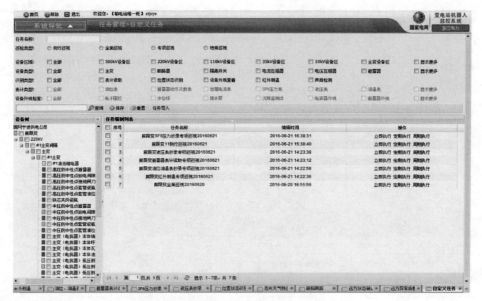

图4.49　异常点位跟踪

（五）机器人故障处理

对机器人在运行过程中出现的异常和故障，需要做好记录，归类整理。对于经常反复出现的异常要进行共性问题专项分析并处理。相关异常记录至机器人问题记录表中（见图4.50），由维保人员进行异常处理；或根据维保计划安排现场消缺，并且定期上报机器人管理负责人知悉情况。原则上，故障当天发现要当天消缺，前一日晚间巡检异常情况可以放至第二天交接班后安排机器人消缺。并做好机器人问题处理分析报告，一事一报。

序	运维站	变电站	发现时间	故障或问题描述	原因分析	处理方案	问题归类	问题解决日
80	文泰站	藻坑变	2017.05.05	机器人物理急停有效	机器人运行软件提示物理急停有效，同时段站内有车辆及人员在设备区地工作	运维站沟通不及时，加强沟通		2017.05.06
81	洋溪站	万茗变	2017.05.08	1、机器人停留充电房外侧进门点位处；2、红外无图像、无测温数据；	1、机器人执行巡检任务至开门点，卷帘门开启至上限端后未保持开门状态，继续执行关门指令，后再锁点位；2、红外热成像仪软件IP网关丢失，导致网络通讯无数据包反馈，测温数据异常显示，工作进程阻塞	1、门控制开关旋钮重新固定、PLC控制程序重新排写；2、检测设备IP进行重新填写设置		2017.05.08
82	永强站	杨桥变	2017.05.12	云台整体可手进行晃动	1、云台水平框盘偏差较大，运行中出现记录丢步现象	1、云台内部螺丝松弛；同时调整电机水平框盘		2017.05.13
83	城西站	仰义变	2017.05.16	卷帘门无法控制动作	1、手动开关控制门开、关状态无效的，电机无响应动作；2、客户端开门指令下发，下位机已接受，门检测状态失败	1、初步处理将门开启状态任务，需现场排查跟踪状况；2、初步判断程序出现异常；		2017.05.17
84	永强站	扶箕变	2017.05.17	巡检过程中，云台卡死	1、软件无法控制云台转向动作，同时高仰角出现卡死；	1、目前已更换云台主板；2、云台固件进行同步更新		2017.05.19

图4.50 机器人问题汇总表

第三节 人机协同

人机协同巡检是指对机器人能实现的红外测温及表计抄录等巡检项目，由机器人巡检代替人工巡检，机器人不能覆盖或实现的巡检项目，则由人工进行补充巡检。随着机器人实效化运行的不断推进，机器人巡检质量逐步提升，已经可以实现对某些项目巡检。在保证巡检全面到位的基础上，对机器人巡检和人工巡检的侧重做出划分。人工巡检以户内及封闭设备为主，机器人巡检以户外一次设备为主。通过增加巡检角度和改造旧设备，提升识别率与覆盖面，不断深化人机协同巡检机制。

一、巡检需求

人机协同巡检机制应遵循以下要求：

（1）对于配置机器人的变电站可由机器人巡检代替人工例行巡检，人工巡检周期可根据实际应用情况延伸或取消，将巡检任务转交给机器人。机器人发挥巡检工具的作用，替代部分繁琐的巡检项目，人工巡检要求不断提升巡检专业性，实现人工诊断性巡检，以及变电站设备真正的全覆盖巡检。

机器人巡检任务执行完毕，需对机器人巡检数据进行核查。在工作管理上，可通过痕迹化管理手段，打印出纸质的日常运维记录、记录审核人、审核时间及审核意见等，如图4.51所示。对于机器人巡检数据漏测及巡检数据异常的点位开展人工巡检补充，保证变电站设备巡检的全面性。人工补充巡检数据应与机器人巡检数据报表统一保存在一起，并确保规定巡检周期内至少有一次完整的巡检数据。

（2）对机器人发现的设备异常及缺陷，需及时进行处理。工作人员在交接班时应将机器人运行情况、异常巡检数据、发现的缺陷及处理情况等事项交接清楚，避免机器人工作出现脱节。

（3）每季度至少开展1次人工巡检与机器人巡检数据的比对分析，保证机器人表计识别的准确度和稳定性、红外测温数据的正确率。比对分析推荐采用抽查方式进行，抽检点位数应不少于各类型点位总数的5%。若发现10%及以上抽查点位超过巡检误差要求，就需要立即查明原因并进行处理。因为只有保证巡检的质量，才能保证设备运行的安全。

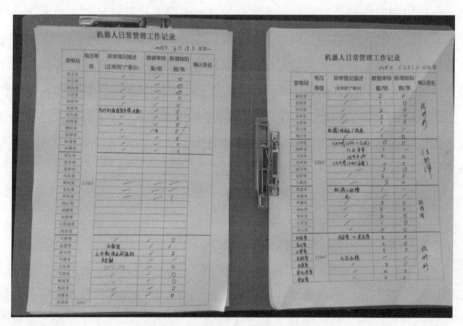

图4.51　机器人监屏工作记录

（4）对天气状况、基建及改（扩）建工程、电气设备本身问题、机器人巡检系统故障等原因导致的机器人不能正确和可靠执行的巡检项目，可恢复正常的巡检周期，由人工进行巡检补充，实行人与机器人协同巡检的机制。

（5）各类保供电、事故跳闸、设备异常或有其他工作需求时，应充分利用机器人进行现场设备巡检，减轻人工巡检压力。

（6）机器人巡检采用任务制，巡检任务的设置可按照排查周期的不同，按需设置。对于例行巡检应每天安排一定的任务量，根据天气合理安排机器人和人工巡检频次，减少人工巡检时间，增加人员带电检测、红外精确测温的投入。对于隐患类、刀闸分合闸状态判断等任务，可以月为单位编制巡检计划，由工作人员定期查看数据即可。

二、范围划分

区分人工与机器人巡检范围，可实现全站设备更全面、更深入的巡检。在生产应用上，机器人巡检和人工巡检的内容各有侧重，人工巡检和机器人巡检按上述侧重点不同进行任务分工，分别记录。

机器人主要开展户外一次设备的红外测温、避雷器泄漏电流及动作次数抄录、SF_6表计抄录、油位抄录、设备位置状态识别等繁琐的巡检抄录工作，同时采集需要的图片（设备外观检查锈蚀、断股、渗漏等）存档（见图4.52），作为人工巡检预判分析的依据和补充。

图4.52　机器人巡检照片

人工巡检主要开展当前机器人无法实现的巡检项目，如设备渗漏油、异常声响、外观异常（如绝缘子是否完好无裂纹、设备本体有无膨胀破裂、设备之间是否可靠连接，是否断股松股）、"五小箱"开箱巡检测温、电缆沟道、户内继保设备等巡检，以及开关柜局部放电等带电检测。

　　为了实现更好的巡检效果，在不同季节、不同气候环境、不同管理要求以及技术发展情况下，机器人和人工巡检可以相互替代和补充，如：

　　（1）高温天气下，需加强机器人户外巡检和跟踪，加强机器人巡检实时监屏，人工巡检主要以室内为主，人工通过核对机器人数据实现巡检判断。当机器人发现重要及以上缺陷时，人工要及时到现场复核。

　　（2）当机器人出现漏巡及报表中存在的异常数据和机器人无法自动判别的数据，一方面及时整改相应点位，另一方面需要通过人工巡检进行补充，查看并确认。

　　（3）在设备风险等级较高或有特殊巡检要求时，人工额外加强二次设备、大电流柜的测温工作。

　　（4）特殊天气时，人工开展防汛工作的各项排查，屋外"五小箱"的密封性、防潮情况，二次端子红外测温等相关排查，机器人负责避雷器及电流互感器油位等相关排查。

　　（5）机器人采集现场主变压器油温、油位数据，人工根据对应曲线判断油温、油位是否对应，为主变压器的负荷控制提供参考。

　　（6）对于人工巡检发现的缺陷，可通过机器人巡检开展跟踪工作，如充油、充气设备的重点跟踪，渗漏油、漏气巡检跟踪。

三、数据管理

　　机器人巡检后生成的各类数据、图片等信息都是自动上送至机器人的数据服务器。针对机器人巡检的一次设备状态，运维人员可随时通过数据审核、导出、导入，定期备份巡检数据，实现远程巡检查看，提升运维效率。

　　对于机器人巡检数据、人工巡检项目的巡检图片及结果，需要通过定期归档存储、上传PMS等方式实现数据存储，防止信息丢失。运维人员通过查阅人工巡检结果、记录的设备隐患缺陷等适时补充缺陷跟踪任务，实现数据互通，辅助人工进行跟踪，便于缺陷的动态管理。

　　除了上述对巡检数据的存储管理之外，还需检查巡检完成率及数据完整性。为保证巡检到位，一是通过巡检计划管控，对机器人巡检任务完成情况和人工巡检任务完成情况进行核查；二是对机器人及人工存储的数据、报表、记录开展巡检情况的检查。

四、周期优化

在开展机器人巡检前，需满足以下要求：

（1）无人值班变电站已完成机器人组网工作，可实现运维班组对机器人的远程控制。

（2）机器人出勤率应满足现场运维要求，至少应达到正常的人工巡检周期要求。

（3）机器人应能安全、可靠、稳定地运行，每台机器人每月故障停运次数不宜超过2次。

（4）红外测温及可见光巡检点位符合标准巡检点位库设置要求。

（5）红外测温应准确、可靠，测温精度应控制在±5℃以内，可见光照片应清晰，可准确识别仪表数字，读取的数据应能自动记录并实现智能报警，仪表读取数据的误差应在±5%以内。

（6）巡检数据报表应具备查询、统计和审核功能，未覆盖的点位应具备人工录入数据功能。

（7）运维单位已制定相关运维管理要求，对机器人数据审核、比对及分析等工作提出明确要求，对机器人监控系统信息安全管控作出明确规定。

（8）运维人员已经过相关培训。

（9）机器人技术性能满足周期优化后运行相关要求。

（10）机器人产品说明书、出厂检验报告、验收资料，以及各级部门制定的机器人管理制度、规定、手册等技术资料已收存，机器人维保记录、机器人发现设备异常及缺陷记录、机器人巡检数据异常记录等台账已建立。

在机器人足以独立胜任巡检工作时，可由机器人替代人工巡检。如果机器人无法可靠替代人力，还需继续优化的，可以在开展机器人巡检的同时，延长人工巡检的周期。优化周期应遵循机器人巡检功能"实用化一项、推广优化一项"的原则，逐步开展巡检周期优化工作。对巡检周期的优化可参考以下原则进行：

1）表计抄录工作优化为每季一次人工现场抄录，同时每周对机器人巡检数据进行分析。

2）红外巡检工作优化为每季一次人工现场全测，同时每周分析机器人专项红外巡检数据进行分析。

3）针对部分一、二类重要变电站，各单位原采取的加强巡检频次措施的，可优化调整到规定周期。同时对机器人例行巡检结果进行分析。

4）机器人的巡检报告，应做好归档保存。

如果机器人故障或现场检修等情况下机器人巡检工作无法满足规定的巡检周期时，应取消巡检计划，将相关人工巡检工作恢复为正常巡检周期。总之，一切以保证设备巡检质量为前提。

第四节　应急辅助

在一些特殊情况下，机器人具有明显优于人工的特点。如在恶劣天气、事故现场应急等情况下，机器人应发挥出巨大的作用。

一、恶劣天气特巡

遇到恶劣天气时，运维人员需要对变电站进行多种形式的特巡，比如：雨雪天气特巡（见图4.53）、雷暴天气特巡、防汛抗台特巡（见图4.54）、迎峰度夏特巡、雾霾特巡等。

图4.53　雪后特巡任务

通过远程遥控机器人或设置定时任务，机器人可以辅助人工对重要设备进行特殊巡检。以雷雨天气特巡为例：在雷雨天气时，运维人员可实时远程操控机器人对设备进行特巡，通过高清摄像头查看开关及刀闸变位情况。拍摄高清图像辅助人工排查设备绝缘处有无脏污闪络痕迹；场地内控制箱和端子箱有无渗漏水；变电站围墙及设备基础、防洪排水设施、避雷设施等是否存在隐患。机器人还可抄录避雷器泄漏电流和动作次数，检测设备接头、套管、绝缘子和引出线等关键部位有无过热问题，并对巡检数据进行存档。

图4.54　台风特巡任务

二、应急事故特巡

当变电站出现设备事故时，现场往往存在有巨大的安全风险，运维人员与抢险人员不能轻易进入现场。另外，运维抢修人员抵达现场往往需要1~2h，时间较长，这就容易错过最佳抢修期，使得事故范围扩大。此时可以通过机器人巡检，第一时间抵达危险的现场，将设备状态回传至后台，由技术人员进行远程分析并制定应对方案。运维人员接收到无人值守变电站事故信息后，可通过机器人客户端导航图点选指定设备，建立特巡任务并发送指令，让机器人第一时间深入事故现场。到达指定位置后，将机器人切换至手动遥控模式，遥控调整车身位置，旋转云台方向，准确定位故障区域，实时录制视频音频和读取现场数据，并查看相邻设备状态。

机器人的红外热成像仪可以透过烟雾定位爆炸点或起火点，并拍摄现场图像。利用机器人视频传输和信息交互功能，实时向运维站传送现场信息，运维人员在远方即可及时了解现场情况、掌握现场动态、快速确定处理方案，有效提高事故应急能力，规避人身风险。

利用机器人作为移动实时监控平台，运维人员无需到达事故现场，通过机器人实时监控，组建远程技术分析队伍，加强设备疑难缺陷分析的实时性，提高事故处理时现场专业结论的高效性与科学性。在实际应用中，也应安排机器人事故演习，熟练掌握相关操作，未雨绸缪。

三、应急辅助操作

机器人除了根据运维人员设定的特巡任务外，还可以与变电站监控后台、消防、安防等其他系统进行联动。当发生事故跳闸、火灾、人员入侵等情况时，将相应告警信息发送给机器人监控后台，机器人根据预设的点位对现场情况进行检查，同时将告警信息通过短信等方式发送给运维人员。

机器人控制界面与实时监视界面基本一致，右下角设置了机器人控制模块，如图4.55所示。

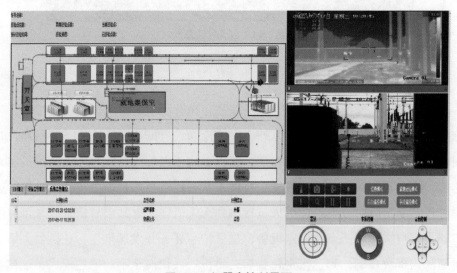

图4.55　机器人控制界面

机器人控制模式分为任务模式、紧急定位模式、后台遥控模式、手持遥控模式四种模式，并可在四种模式之间互相切换。

任务模式：机器人根据系统下发的计划任务，按设定路径对指定巡检点自动开展巡检工作。正常情况下均使用此模式。

紧急定位模式：通过点击相应设备，机器人可自动行进至预定位置对该设备进行巡检。适用于事故处理等紧急情况。

后台遥控模式：通过界面中的车身控制盘和云台控制盘对机器人进行实时控制，可自由调整角度和方向等。适用于全方位查看设备状态或对未设置巡检点位的设备进行巡检。

手持遥控模式：通过手持遥控器，现场对机器人的车身和云台进行控制。

此外，机器人控制模式的优先级为：手持遥控模式＞后台遥控模式＞紧急定位模式＞任务模式。

第五节　转运管理

在变电站数量多，而机器人数量少的情况下，想要尽可能多的覆盖变电站，就需要在站与站之间来回转运机器人，以满足变电站巡检周期的要求。

一、转运工作

在进行机器人调配之前，应结合生产检修计划安排转运工作。在站内有检修工作时，现场往往有设备堆放、检修围栏、车辆停靠等情况，机器人无法正常巡检，对于转运的110kV变电站延后转运即可。机器人转运计划应编制成表（见图4.56），做好记录。转运计划表内容要准确清晰，包括机器人编号、转运时间、出发站和到达站。每月根据转运结果以及转运后的巡检质量合理调整机器人转运计划。转运计划表应满足各站所机器人巡检周期要求，并根据现场实际情况灵活调整。在台风、暴雨等恶劣天气下，需制定专项巡检转运计划。

	日	二	二	三	四	五	六
							1
1号机器人							**变
2号机器人							**变
	日	二	二	三	四	五	六
	2	3	4	5	6	7	8
1号机器人		**变-**变		**变-**变		**变-**变	
2号机器人		**变-**变		**变-**变		**变-**变	
	日	二	二	三	四	五	六
	9	10	11	12	13	14	15
1号机器人		**变-**变		**变-**变		**变-**变	
2号机器人		**变-**变		**变-**变		**变-**变	

图4.56　机器人转运计划表

。

在转运前后，首先要确认机器人状态是否正常。在转运过程中，如遇机器人系统故障，应根据实际情况启动机器人异常故障处理流程。转运进站后，还需确认现场无影响机器人巡检的情况。

有条件时，应考虑设置备用机器人，进行应急跟踪或故障调配使用。在实际应用中，往往对重要的缺陷关注较高，经常需要持续跟踪。此时备用机器人就可以派上用场。

转运工作需要按照规范进行，转运流程如图4.57所示。

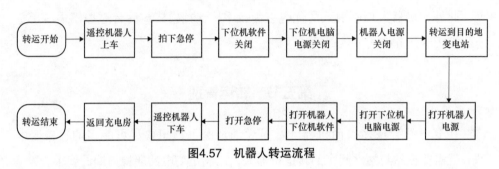

图4.57　机器人转运流程

二、转运人员

转运人员作为直接接触机器人的人员，应熟悉《国家电网公司电力安全工作规程（变电部分）》，了解机器人系统，掌握机器人基本操作、日常运行维护、异常情况处理、转运具体操作流程及注意事项，并具备2年及以上驾驶经验，负责机器人的运输、上下车操作（监护）、巡检环境检查，按时完成转运任务，确保转运安全。

转运工作需要按转运计划开展，在转运前后，要检查转运车辆及机器人系统情况，并做好相应记录。转运机器人前应告知运维人员开始转运，转运后应将转运情况（包括转运车辆检查、转运工具检查、转运时间等信息）告知运维人员。

三、装备配置

机器人转运需要采用专用的转运车辆和转运工具，机器人上下车可采用斜坡、导轨、自动升降台等多种形式，如图4.58和图4.59所示。

图4.58　自动升降台

图4.59　导轨转运方式

转运车辆还应有固定机器人的措施，并有一定的防震、减震功能，防止车辆颠簸造成的机器人碰撞。有条件时，应配置备用转运车辆和备用转运工具。

第六节　安全防护

为了保证机器人日常运行中，不发生因环境、人为等原因造成的故障，需着力开展机器人安全防护工作。机器人管理人员需要加强与运维班工作的联系，针对运维班计划性工作，要及时调整计划停止机器人巡检；针对运维班计划外（临时工作、工作票延期等）工作，运维班要及时反馈并调整相应巡检计划；针对部分物资堆放或长期基建围栏，运维班要及时反馈并规范化现场堆物管理，保证巡检通道无异物。此外，通过加强现场标识、人员技能方面的工作，可以有效避免不必要的故障。

一、现场标识

标记标识可以给现场工作人员起到很好的提示作用，在定置相关内容时，可参考以下内容：

（1）开展变电站机器人巡检主道及变电站临时性停车位的划线工作，避免临时堆物或停车影响机器人正常运行，标出机器人安全行进的双黄线，提醒站内工作人员；增加临时性停车位，规范停车，避免碰撞。

（2）增加变电站现场的提示牌（见图4.60），标明机器人巡检通道，增加提醒说明，提醒车辆及人员保证巡检通道顺畅，注明机器人巡检安全距离。

图4.60　现场提示牌

（3）增加机器人应急操作相关提示标记，在机器人后台粘贴应急操作小卡片，并制作操作指导手册，指导紧急停止、一键返航、紧急重启等简单操作，并在机器人本体上标明紧急停止按钮。

二、人员技能

在提高人员技能方面，需要运维人员增强自身运维管理经验，加强安全意识和技能素质培训。具体包括：

（1）加强运维人员对机器人设备安全管理的责任感，提高运维人员操作机器人的基本技能和应急处置能力，并加强沟通对接。

（2）加强转运人员的培训教育，提高转运工作的质量。提前一天确认下一个转运变电站是否有工作，转运至变电站后应再次确认变电站内是否有围栏、设备、物料阻挡机器人巡检的情况，巡检通道不畅要及时反馈。

（3）对配置门卫的变电站，建议利用门卫属地化优势，提高门卫对机器人安全运行的意识，让门卫定期关注机器人运行情况。针对外来人员，门卫要提醒和宣传机器人安全运行的基本要求，发现问题要及时告知运维班。

（4）提高维保人员对机器人事故的处理能力和效率，针对每次故障或异常均要分析原因，形成故障分析报告并按要求整改。

第五章 机器人维护与消缺

机器人维护与消缺的目的是减少机器人的故障率和停机时间，最大限度地提高机器人使用效率。机器人的维护与消缺直接影响到机器人的寿命，运维管理单位要充分认识到机器人维护与消缺工作的重要性，建立健全机器人维护、消缺制度与流程。运维人员必须经过专业培训，具备机器人操作知识，严格按照维护与消缺制度、流程执行。

本章通过对机器人维护和消缺的介绍，让读者掌握机器人日常使用和维护中的注意事项，学会机器人常见故障的处理方法。

第一节 机器人检查和维护

一、日常检查

机器人日常检查作为变电运维常态化工作内容，结合人工全面巡检，由运维人员负责完成并定期开展，每月对机器人开展不少于一次日常检查，确保机器人的正常运行。

（一）机器人日常检查项目

1.机器人本体检查

机器人表面无明显的凹痕、划伤、裂缝、变形和污渍；表面喷漆色泽均匀，没有起泡、龟裂、脱落和磨损现象；金属零部件无锈蚀；文字标识清晰、完整；机器人外壳密封完好，无漏水现象；机器人行走、转弯、后退等底盘单元正常；机器人轮胎无严重磨损、老化等情况，轮胎无异常；机器人云台左右旋转、上下俯仰等运行正常。

2. 充电室检查

充电室照明灯可以正常开启；充电室空调功能正常，温度在正常范围；卷帘门能够正常开启和关闭，声音无异常；充电座充电极铜片无松动、氧化、磨损严重、破裂等现象；充电座电源线无老化、破裂等现象，连接良好。

3. 客户端检查

机器人在地图内的定位正确；机器人视频显示正常；机器人状态数据和巡检计划数据正常；运维站机器人客户端可以正确连接到各个厂站；机器人运行日志数据刷新正常，异常、缺陷已确认；运维站硬盘剩余容量充足；变电站微气象数据显示正常。

在日常检查过程中，若发现部件损坏或功能异常影响机器人正常使用时，应立即处理。

（二）日常检查中注意事项

（1）运维人员按照正常操作规程使用机器人客户端，严禁私自关闭客户端，私自修改客户端的设定参数；严禁随意删除客户端上的程序和文件；严禁私自在客户端上连接其他外部设备和其他危害客户端安全的行为。

（2）机器人客户端是机器人巡检专用设备，严禁挪作他用，严禁非运维人员擅自使用，严禁连接外网。

（3）机器人充电室内空调、充电装置等重要设施发生故障时，应按设备重要缺陷流程上报，厂家应及时安排消缺维护。

（4）对日常维护中发现的异常，运维人员应将情况仔细列入机器人异常记录表（见表5.1）中并尝试处理。若运维人员无法自行处理，应执行机器人故障处理流程（具体流程见本章第二节）。

表5.1　变电站智能巡检机器人问题及异常记录

序号	变电站	问题及异常描述	发现时间	发现人	处理情况	处理时间	备注
1							
2							
3							
4							
5							
...							

二、例行检查维护

机器人巡检工作能够有效开展是建立在充分、合理的维护保养基础上的。机器人在不同环境（包括恶劣环境）的长期使用过程中，由于部件磨损、老化、损坏，机器人的稳定性、可靠性、使用效益均会出现相当程度的降低，这将直接影响到机器人巡检工作的正常开展。

与日常检查相比，例行检查维护更全面、更专业、更细致。例行检查维护应确保机器人本体可靠稳定运行、通信正常及配套设施功能完善，保障机器人巡检数据、识别率及覆盖率在要求范围内。

机器人例行检查维护包括机器人系统、巡检道路、备品备件、辅助定制和数据备份五项内容。

（一）机器人系统

1. 机器人本体

（1）外观。检查机器人表面是否有明显的凹痕、划伤、裂缝、变形和污渍；表面应色泽均匀，无起泡、龟裂、脱落和磨损现象；金属零部件无锈蚀；文字标识清晰、完整；检查机器人外壳是否密封完好，查看是否出现过漏水现象，消除不安全因素；检查机器人的零部件是否匹配牢固，连接可靠，各螺栓有无松动。

（2）底盘及云台执行机构。通过遥控检查机器人行走、转弯、后退等底盘单元是否正常；检查机器人自动探测障碍物功能，遇到障碍物是否能及时停车并报警；检查机器人停障反应距离是否正常；检查机器人轮胎磨损、老化是否严重，轮胎有无凸包；通过遥控检查机器人云台左右旋转、上下俯仰是否正常。

（3）传感模块。检查里程计数据是否正常；检查惯性导航模块数据是否正常；检查激光雷达传感模块安装螺钉是否松动，安装姿态是否有偏差，传感部位是否有异物，并确认传感模块数据是否正常；检查高清摄像头视频是否流畅清晰；检查红外热像仪视频及数据是否正常；检查碰撞开关及急停状态数据是否正常；检查机器人采集的电池电压数据是否正常；检查激光（RFID）数据是否正常。

（4）电池容量。机器人长时间运行会导致电池频繁的充电放电，存在一定的老化及容量减小的现象，应查看电池容量是否满足机器人正常巡检所需。在机器人完全充满状态下启动巡检任务，记录起始电压及终止电压，分析电压是否满足实际的需要。根据实际情况判断电池情况，及时更换老化的电池。

2. 充电室

（1）照明灯检查。检查充电室照明灯是否可正常开启关闭。

（2）卷帘门检查。人为通过钥匙旋钮控制卷帘门，是否能够正常开启和关闭，声音有无异常，并检查能否开、关到底；切换到自动模块，通过机器人控制卷帘门，能否自动控制；检查卷帘门限位开关信号是否正常。

（3）自主充电座检查。检查充电座充电极铜片是否存在松动、氧化、磨损、破裂、水质等现象；检查充电座电源线是否存在老化、破裂等现象，是否连接良好；检查手动充电和自动充电是否正常；多次进行充电命令实验，检查充电是否正常。

3. 网络设施

检查机器人系统各设备IP是否正常设置，能否ping通；检查运维站客户端是否连接到各个厂站；检查机器人本体客户端操作系统、数据库、集控系统是否进行加密设置；检查机器人本体通信设备、网络设备、端口服务等是否进行加密设置；检查机器人辅助通信设备，如户外AP、防火墙、充电室等是否进行加密设置。

4.客户端

检查机器人在地图内的定位是否正常；检查机器人视频是否正常；检查机器人状态数据是否正常；检查机器人巡检数据是否正常；检查机器人运行地图是否对应所在变电站的实际地图；检查拍摄效果符合正常运维需要；检查运维站机器人客户端运行日志、运行数据是否出现异常及缺陷现象；检查运维站硬盘容量是否已满；检查变电站微气象数据显示是否正常。

5.转运设施

检查机器人运载车及可调配斜坡是否到位，是否停驶于指定位置；检查可调配斜坡是否良好，机器人能否正常上下；机器人上运载车就位后，检查机器人在运载车上有无固定措施，判断是否牢固、安全；运载车到达待巡检变电站后，检查运维车是否停靠在指定位置；机器人下运维车后，检查是否连接上该变电站无线网络，地图是否下载成功。

(二)巡检道路

巡检道路是机器人巡检工作的基础，应与变电站环境协调，尽量与原有道路相匹配。巡检道路的宽度、倾斜度、防滑措施、排水设施、工艺标准等应满足有关要求，具体如下：

（1）道路畅通。

（2）道路路面平整，无沉降、开裂、坑洞、拱起、积水、积雪、结冰。

（3）巡检道路每4m设置的伸缩缝宽度为4~6mm。

（4）距离机器人巡检道路周边0.5m的范围内无障碍物。

若发现以上问题，及时反馈，进行道路清理、维护及维修，以保证机器人巡检工作正常进行。

(三)备品备件

机器人备品备件的管理应当按照程序和有关制度认真保存、精心维护，保证备品备件的库存质量。通过对备品备件使用动态信息的统计、分析，可以摸清备品备件使用期间的消耗规律，逐步修正储备定额，合理储备备品备件。

备品备件管理要求如下：

（1）配备机器人相关备品备件（天线、轮胎、转运轨道、斜坡、遥控设备、螺丝等），配备数量应充足，满足现场基本维护需要，如图5.1所示。

图5.1　备品的存放

（2）备品备件应定点分类存放，并定期检查。

（3）备品备件应登记造册，使用时做好记录，如表5.2所示。

表5.2　备品备件记录表

备品备件	更换原因	更换时间	更换人	新增库存	入库时间	库存余量	备注
天线							
轮胎							
转运轨道							
斜坡							
遥控设备							
……							

（4）机器人的轮胎应每年更换一次，机器人的电池每3年应更换一次，如图5.2所示。

图5.2　备件更换

（四）辅助定置

机器人巡检是一项系统性的工作，除了机器人及其相关硬件的正常运转，还需要做好机器人相关的辅助定置工作，以便于机器人的使用和管理。

机器人辅助定置工作包含以下五个方面：

（1）机器人进行统一编号，在机器人本体贴上相应标签，如图5.3所示。

图5.3　机器人编号

（2）机器人系统相关的各类设施、开关均应具有明显标志或标签，如图5.4所示。

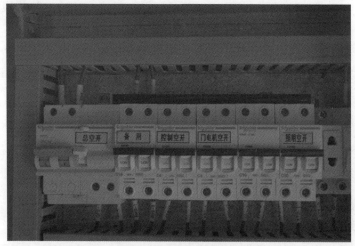

图5.4　空气开关的标签

（3）机器人遥控设备、移动充电装置、转运轨道等专用工器具定点保管，转运时做好交接，转运完毕需放回原位。

（4）机器人本地监控客户端部署于各无人值守变电站控制室，机器人远程集控客户端应部署于运维站（班）控制室，且均应具有明显标志，与变电站生产监控后台、"五防"主机、办公电脑等进行区分。机器人客户端桌面上应有简易操作说明。机器人客户端电脑中不得私自安装与工作无关的软件，不可用作其他用途。

（5）为了方便多台机器人的集中管理，宜设置机器人去向牌（见图5.5），当机器人所在地发生变动及时更新去向牌。

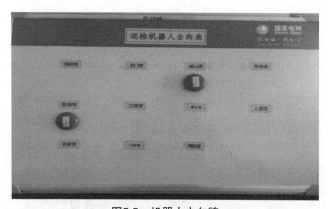

图5.5　机器人去向牌

（五）数据备份

巡检数据备份是机器人维护中的一项重要工作，当客户端电脑发生故障或误操作导致数据丢失时，可以通过备份恢复原有数据。数据备份做得越完善，巡检结果的追溯也就越完整正确。

机器人巡检数据应备份至专用存储介质，备份内容应包括机器人巡检高清图片、红外图片及后台数据库。机器人巡检系统视频、图片数据保存至少3个月，其他数据长期保存。

维保人员数据备份完成后，经运维人员确认，清除过期数据，以保证硬盘空间充足。运维人员根据实际需要可要求维保人员提供备份数。

上述例行检查维护的五项内容均由维保人员负责完成，每季度应对机器人进行不少于一次的例行检查维护，也可根据由运维单位编制的维保计划进行。维保计划根据机器人的质保期限和缺陷异常情况，科学合理编制。

厂家维保人员收到维保计划后，及时处理。维保工作结束后，填写机器人维保记录（见表5.3），并签字确认。

表5.3　机器人维保记录

智能巡检机器人现场维保记录		编号：厂家-年-月-编号	
运维班		变电站	
维保时间		维保单位	
故障及异常情况			
处理情况			
遗留问题			
备注			
维保人员：		工作负责人：	

第二节　机器人异常及故障消缺

一、异常及故障处理原则

当机器人发生异常及故障时，运维人员应及时到现场检查，并积极采取处理措施。运维人员不能解决时，暂停巡检任务及计划，做好机器人的安全防范措施，并联系维保人员进行处理。维保人员原则上应在48h内响应处理，同时运维人员应做好异常故障记录。

异常故障处理完毕后，须经运维人员现场验收，合格后方可安排机器人的巡检任务。异常故障的闭环记录由运维人员完成。

对于需返厂处理的异常故障，厂家维保人员应对机器人运行数据进行备份，填写机器人返厂维修记录单（见表5.4）并做好与运维单位的交接手续。机器人返厂检修完毕送回时，厂家应提供书面材料，对所修内容、发现问题、试验结果、检修结论进行详细描述，运维人员应参照新投机器人验收标准完成验收。

表5.4　机器人返厂维修记录单

机器人返厂维修记录单			
申请人		申请日期	
设备编号		预计维修时长	
故障信息描述			
设备负责人签字		维护（返厂）时间	
维修情况说明			
移交人		移交时间	
验收意见			
验收人		验收时间	
维修评价	响应时间　及时□　一般□　不及时□		
	维修质量　很好□　一般□　不好□		
	服务态度　很好□　一般□　不好□		

运维人员定期汇总机器人故障情况，分析高发故障的原因，提出解决方案并做出整改，避免类似问题反复出现。

二、异常及故障处理流程

机器人故障处理流程如图5.6所示。

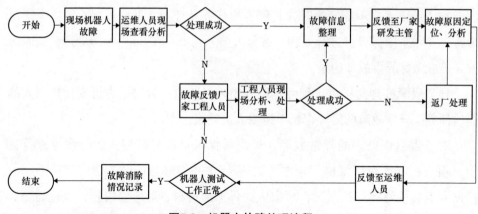

图5.6 机器人故障处理流程

机器人异常及故障处理过程中的注意事项如下：

（1）机器人巡检时出现故障时立即暂停任务，运维人员首先在机器人客户端查看系统告警信息，确定故障类型并遥控机器人云台查看周围环境有无异样。

（2）若在客户端无法排除故障，应立即停止任务，将机器人遥控至充电室，运维人员尽快到现场进行故障排查。

（3）排查过程中切勿擅自拆卸机器人本体，否则可能引起火灾、电击或机器人损坏。

三、机器人典型异常及故障处理方法

（一）软件部分

问题1：监控系统无法登陆

（1）故障现象：

a）监控系统登录页面打不开；

b）监控系统页面登录时，显示密码或者用户名错误。

（2）原因分析：

a）机器人可能掉电或电压过低；

b）监控系统服务器的IP地址输入错误；

c）本地监控系统IP设置错误；

d）监控系统登录页面账号与密码输入错误；

e）机器人可能在开机的情况下与后台监控系统断开连接。

（3）处理方法：

a）检查机器人开关指示灯，给机器人上电或充电；

b）检查监控系统服务器的IP地址并正确输入；

c）检查监控系统IP设置，在控制面板—网络和Internet—网络连接—WLAN—Internet协议版本4（TCP/IPv4）中（见图5.7），将选项改为使用固定IP；

d）输入正确的账号与密码；

e）检查机器人与客户端断开的原因，可持续ping机器人IP，检查机器人室配电柜检查线路是否完好，并打开机器人与通信基站的IP设置页面进行检查、配置和修改。

（4）注意事项：本地监控系统的IP不能与机器人系统的IP冲突。

（5）故障等级：★★❶。

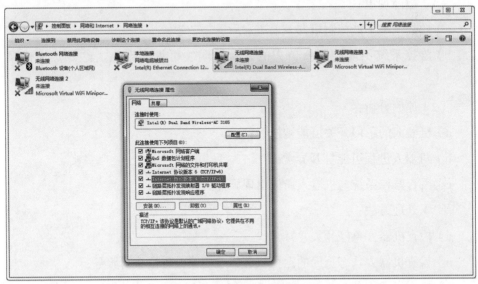

图5.7　监控系统IP设置页面

---

❶　★表示一颗星。

问题2：地图显示机器人位置异常

（1）故障现象：

a）机器人监控系统地图无显示；

b）机器人的实际位置与地图位置不一致。

（2）原因分析：

a）可能是机器人导航程序启动异常；

b）机器人激光数据与地图出现不匹配的情况，若机器人在巡检路径上掉电后经过搬运，也会出现该现象。

（3）处理方法：

a）检查机器人状态页面的运行状态信息模块，单击重启服务；

b）单击激光匹配按钮，对机器人进行区域定位。

（4）注意事项：无。

（5）故障等级：★。

问题3：监控系统机器人控制模块异常

（1）故障现象：

a）监控系统不能控制机器人前进、后退、转弯；

b）监控系统不能控制机器人的云台转向、可见光聚焦、红外热成像聚焦等。

（2）原因分析：

a）机器人的急停开关可能被按下；

b）机器人进程可能打开异常；

c）后台监控系统与机器人通信出现异常。

（3）处理方法：

a）检查机器人急停开关并打开；

b）检查机器人状态页面的运行状态信息模块，单击重启服务；

c）检查机器人与客户端是否出现延迟、断开并分析其原因。可持续ping机器人IP，检查机器人室配电柜检查线路是否完好，并打开机器人与通信基站的IP设置页面进行检查、配置和修改。

（4）注意事项：若是网络延迟导致机器人控制困难，切勿长按控制键，以免导致机器人失控。

（5）故障等级：★★。

问题4：监控系统雨刷功能异常

（1）故障现象：

a）单击界面雨刷器按钮，雨刷器不能启动；

b）单击界面雨刷器按钮，雨刷器不能正常工作。

（2）原因分析：

a）客户端与机器人通信出现异常；

b）雨刷橡胶（见图5.8）可能老化或破损。

（3）处理方法：

a）检查机器人与客户端是否出现延迟、断开并分析其原因，可持续ping机器人IP，检查机器人室配电柜检查线路是否完好，并打开机器人与通信基站的IP设置页面进行检查、配置和修改；

b）更换雨刷橡胶。

（4）注意事项：无。

（5）故障等级：★★。

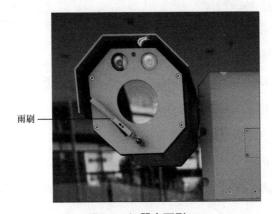

雨刷

图5.8 机器人雨刷

问题5：客户端一键返航异常

（1）故障现象：

a）单击一键返航按钮后机器人无响应；

b）单击一键返航按钮后机器人未能返回充电室充电。

（2）原因分析：

a）客户端与机器人通信出现异常；

b）机器人可能出现避障；

c）机器人可能出现定位偏差且无法恢复正确定位；

d）机器人电量过低导致在返航充电途中断电。

（3）处理方法：

a）检查机器人与客户端是否出现延迟、断开并分析其原因，可持续ping机器人IP，检查机器人室配电柜检查线路是否完好，并打开机器人与通信基站的IP设置页面进行检查、配置和修改；

b）清理机器人前面的障碍物，或将机器人手动驶离障碍物；

c）在地图显示页面对机器人进行手动定位；

d）将机器人搬运回机器人室进行充电。

（4）注意事项：在未知机器人所处环境的情况下，尽可能不要进行远程操控机器人行走。

（5）故障等级：★★☆❶。

问题6：机器人脱轨故障

（1）故障现象：

a）机器人脱离正常巡检路线；

b）客户端显示机器人所处位置附近激光匹配度较低；

c）机器人激光显示与实际位置不符；

d）机器人停在巡检场地上进行自动激光定位。

（2）原因分析：

a）机器人巡检路线前后参照物几乎相同，会导致机器人激光显示与实际不符；

b）机器人巡检路线周围参照物太少，会导致机器人出现激光匹配度低，从而出现停止行走并自动定位或偏离巡检路径的情况。

---

❶ ☆表示半颗星。

（3）处理方法：

a）当机器人发生脱轨现象时，首先确定发生故障所在的巡检路线，单击地图编辑按钮，打开激光导航定位页面，观看机器人在该巡检路线的匹配度。若巡检路线匹配度在70%及以上，则该巡检路线所在的周围环境与初始扫图时的环境相似，重启机器人导航程序；若匹配度低于70%，应检查机器人该巡检路线所在的环境，如果由于是环境（如杂草丛生）导致的激光匹配失败，则应该清除周围环境的异物，以保证与激光扫描时的环境相吻合。

b）如果是由于空旷导致机器人多次偏离轨迹，则应该增加可供机器人识别的标识物。

（4）注意事项：变电站站内进行改造时，需通知机器人管理人员进行机器人地图修改。

（5）故障等级：★★★★☆。

（二）硬件部分

问题1：补光灯异常

（1）故障现象：

a）在监控系统控制页面中单击"灯光控制"按钮，补光灯未打开或关闭；

b）补光灯（见图5.9）亮度太暗，不能达到机器人夜间巡检表计的要求。

（2）原因分析：

a）补光灯的供电线路出现老化或破损；

b）补光灯本身出现异常。

（3）处理方法：

a）维修补光灯的供电线路；

b）更换补光灯。

（4）注意事项：处理方法b）中，建议直接更换云台可见光镜筒前罩。

（5）故障等级：★★☆。

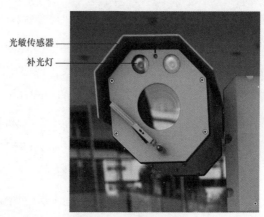

光敏传感器

补光灯

图5.9　机器人补光灯

问题2：云台控制异常

（1）故障现象：

a）客户端无法控制云台转动；

b）云台转动过程中发出异响；

c）云台转动过程中出现卡死现象。

（2）原因分析：

a）客户端与机器人通信出现异常；

b）云台控制线路出现老化或破损；

c）云台本身出现机械损伤导致异响和卡死。

（3）处理方法：

a）检查机器人与客户端是否出现延迟、断开并分析其原因，可持续ping机器人IP，检查机器人室配电柜检查线路是否完好，并打开机器人与通信基站的IP设置页面进行检查、配置和修改；

b）维修云台控制线路；

c）对云台进行返厂检修。

（4）注意事项：云台出现卡死时，切不可继续控制云台进行转动。

（5）故障等级：★★★★☆。

问题3：机器人电机报警

（1）故障现象：

a）机器人工作状态指示灯红灯亮且快闪，闪烁频率为2Hz；

b）机器人运动状态出现卡顿现象；

c）机器人无法控制。

（2）原因分析：

a）机器人可能驱动器出现异常；

b）机器人运行卡顿，减速器可能出现异常。

（3）处理方法：需要联系机器人厂家对机器人进行维修或将机器人返厂维修。

（4）注意事项：无。

（5）故障等级：★★★★★。

问题4：机器人热成像异常

（1）故障现象：

a）没有红外视频；

b）有红外视频，但是不流畅。

（2）原因分析：

a）红外热像仪IP配置不正确；

b）红外热像仪未开机；

c）机器人与客户端通信延时较大；

d）红外热像仪网络异常。

（3）处理方法：

a）第一个故障现象的处理步骤如下：

①刷新机器人监控页面，在机器人状态页面检查红外热像仪是否在线。

②若不在线，在机器人状态页面的控制状态信息模块单击红外功能按钮以重启红外电源，等2min后再检查红外热像仪是否在线。若不在线，则拆开机器人云台后盖检查红外相机是否因为电源插头接触不良而没有上电。如果没有上电，则可以尝试多次插拔电源线，上电后等2min，再检查红外热像仪是否在线；若不在线，则进行维修处理。

③如果拆开后盖，红外热像仪供电正常，则需要检查网线是否松动。

④若网线没有松动，则需要使用1根确保完好的网线直连红外相机和电脑，

再查看红外热像仪是否在线。若在线，则更换云台内连接红外相机的网线；若不在线，则进行红外相机的维修工作。

b）第二个故障现象的处理步骤如下：

检查机器人与天线之间的无线信号是否异常。

（4）注意事项：拆装云台后盖时切忌用力拧螺丝，容易滑牙导致后盖密封性变差。

（5）故障等级：★★★★★。

问题5：机器人可见光异常

（1）故障现象：

a）没有可见光视频；

b）有可见光视频，但是不流畅。

（2）原因分析：

a）可见光相机IP配置不正确；

b）可见光相机未开机；

c）机器人与客户端通信延时较大；

d）可见光相机网络异常。

（3）处理方法：

a）第一个故障现象的处理步骤如下：

①刷新机器人监控页面，在机器人状态页面检查可见光是否在线。

②若不在线，则拆开机器人云台后盖检查可见光摄像机是否因为电源插头接触不良而没有上电。如果没有上电，则可以尝试多次插拔电源线，上电后等1min，再检查可见光是否在线；若不在线，则进行维修处理。

③如果拆开后盖，可见光供电正常，则需要检查网线是否松动。

④若网线没有松动，则需要使用1根确保完好的网线直连可见光摄像机和电脑，再查看可见光是否在线。若在线，则需要更换云台内连接可见光摄像机的网线；若不在线，则进行可见光摄像机的维修工作。

b）第二个故障现象的处理步骤如下：

检查机器人与天线之间的无线信号是否异常。

（4）注意事项：拆装云台后盖时切忌用力拧螺丝，容易滑牙导致后盖密封性变差。

（5）故障等级：★★★★★。

问题6：机器人监控系统显示充电异常

（1）故障现象：

a）监控系统机器人充电状态无显示；

b）监控系统充电电流显示异常；

c）充电桩库仑计没有显示。

（2）原因分析：

a）机器人可能尚未到达充电点进行充电；

b）机器人室控制柜空气开关跳闸；

c）充电桩电源线接触不良或损坏；

d）机器人与充电桩接触异常；

e）机器人充电触头氧化；

f）充电桩库仑计本身异常。

（3）处理方法：

a）在监控系统监控界面查看机器人是否未到达充电点。若未到达，单击一键返航按钮执行充电任务。若机器人无响应，需手动控制机器人返回机器人室。若遇到机器人电量过低的情况，则需要手动将机器人推回机器人室充电。

b）检查控制柜空气开关，并确认其在闭合状态。

c）检查充电桩的电源线是否接触不良或破损断裂。

d）当机器人处于充电室中但未充电成功，需检查充电触头与机器人接触是否良好。

e）检查机器人充电触点和充电桩充电片是否氧化，进行去氧化处理。

f）更换充电桩库仑计。

（4）注意事项：对充电桩进行维护时切勿带电操作。

（5）故障等级：★★★★★。

问题7：机器人电机异常

（1）故障现象：

a）机器人运行过程中出现异响；

b）机器人4个轮胎磨损程度不一样；

c）机器人上电后轮胎未处于抱死状态。

（2）原因分析：

a）机器人减速器出现异常；

b）机器人电机转速不一致；

c）机器人电机驱动器异常。

（3）处理方法：

a）需对电机减速器进行维修；

b）观察4个轮胎磨损程度是否一样，如果不一样，需要重新调试各个电机参数，使电机转速一致；

c）需调试和维修电机驱动器。

（4）注意事项：建议联系机器人厂家进行上述维护工作。

（5）故障等级：★★★★★。

问题8：机器人网络通信故障

（1）故障现象：

a）无法打开机器人客户端页面；

b）机器人监控页面视频卡顿；

c）机器人本体、云台控制卡顿；

d）机器人状态页面出现多个设备不在线。

（2）原因分析：

a）机器人未开机；

b）后台监控系统与机器人通信出现异常（硬件方面）；

c）机器人室控制柜各路供电线路断开；

d）机器人通信基站异常。

（3）处理方法：

a）检查机器人电源是否关闭；

b）检查天线与机器人充电室和控制室的网络线路是否正常；

c）检查机器人与天线之间的无线网络信号是否正常；

d）检查机器人充电室控制柜各路供电线路是否正常；

e）检查机器人通信基站大天线工作是否正常。

（4）注意事项：可能会涉及一些器件的更换，需联系机器人厂家。

（5）故障等级：★★★★★。

问题9：机器人开关异常

（1）故障现象：

a）在确保电池有充足电量的情况下，机器人无法开机；

b）机器人在运行过程中自锁型电源开关（见图5.10）复位导致机器人掉电。

（2）原因分析：

a）机器人内部空气开关可能断开；

b）机器人供电线路可能出现异常；

c）电源开关可能损坏。

（3）处理方法：

a）检查机器人内部空气开关是否断开；

b）排查机器人供电线路；

c）检查机器人电源开关能否正常使用，如果不能，更换机器人电源开关。

（4）注意事项：涉及拆机事项，需联系机器人厂家进行指导或由机器人厂家安排维护人员。

（5）故障等级：★★★★☆。

图5.10　电源总开关和急停开关

问题10：机器人电池异常

（1）故障现象：

a）机器人电池无法充电；

b）机器人电池充满电，但使用时间未能达到正常标准。

（2）原因分析：

a）机器人电池可能过度放电；

b）机器人电池容量损耗严重。

（3）处理方法：

a）需重新激活电池；

b）更换备用电池。

（4）注意事项：老电池返厂和激活需联系机器人厂家。

（5）故障等级：★☆。

问题11：机器人状态灯异常

（1）故障现象：

a）机器人开机时机器人状态灯一直不亮；

b）机器人状态灯颜色异常；

c）机器人状态灯与其含义不符；

d）解除告警后机器人状态灯没有自动解除告警显示；

e）机器人状态灯都不亮或同时亮起。

（2）原因分析：

a）机器人状态灯线路老化或破损；

b）机器人状态灯损坏；

c）机器人软件代码出现bug。

（3）处理方法：

a）检查机器人状态灯线路是否老化或破损；

b）更换机器人状态灯；

c）机器人软件调试。

（4）注意事项：涉及拆机和软件调试，需联系机器人厂家。

（5）故障等级：★★★☆。

问题12：机器人轮胎异常

（1）故障现象：

a）机器人行走过程发出异响，轮胎接触到本体；

b）机器人轮胎磨损严重；

c）机器人轮毂紧固螺丝松动；

d）机器人轮毂轴处法兰销钉丢失或严重生锈腐蚀。

（2）原因分析：

a）机器人轮轴出现异常；

b）巡检路面粗糙；

c）机器人轮胎固定螺丝在长时间运行下由于振动而出现松动。

（3）处理方法：

a）若轮胎出现磨损严重或接触到本体，需要检查机器人轮轴是否异常；

b）更换机器人轮胎；

c）拧紧机器人轮毂的紧固螺丝；

d）更换法兰销钉。

（4）注意事项：若机器人轮轴出现异常，需联系机器人厂家。

（5）故障等级：★★★★。

问题13：激光机器人防撞条异常

（1）故障现象：

a）监控系统报警信息显示"防撞报警"；

b）机器人在禁用激光和超声避障的路段碰到障碍物后轮子没有停止转动；

c）机器人发生物理碰撞，在监控系统解除物理碰撞告警后仍然无法恢复行走；

d）机器人防撞条出现断裂。

（2）原因分析：

a）机器人防撞条线路可能中断；

b）机器人遭遇了持续碰撞，导致物理碰撞告警解除不了。

（3）处理方法：

a）检查线路是否老化或破损；

b）将机器人搬离持续碰撞的位置；

c）更换防撞条。

（4）注意事项：若机器人出现持续碰撞，切勿控制机器人行走，以免损坏防撞条。

（5）故障等级：★★☆。

问题14：机器人陀螺仪异常

（1）故障现象：

a）机器人正常巡检严重偏离巡检路线；

b）激光数据显示出现一定角度旋转；

c）激光数据扫描出来的数据正常。

（2）原因分析：

a）陀螺仪线路异常；

b）陀螺仪本身异常。

（3）处理方法：

a）在机器人正常运行的过程中，用洁净的布条蒙住激光，使机器人完全依靠陀螺仪导航行进。若机器人未能达到规定距离（20m）就严重偏离路线，则需要对陀螺仪进行检修。

b）检查陀螺仪供电是否正常，若异常，进行修理或更换。首先将机器人本体内部空气开关断开，确保机器人本身断电，然后检查线路是否松动老化。若存在老化松动，立即更换线路。

（4）注意事项：更换陀螺仪和线路检修需要联系机器人厂家。

（5）故障等级：★★★★★。

（三）配套设施

问题1：机器人充电室电动门开关异常

（1）故障现象：

a）监控系统无法控制充电室电动门的开关；

b）监控系统控制充电室电动门出现延迟；

c）遥控可以控制机器人室门，监控系统不能正常控制机器人室门。

（2）原因分析：

a）机器人充电室电动门未上电；

b）机器人与通信基站通信延时；

c）机器人充电室控制柜线路或相关器件出现异常。

（3）处理方法：

a）合上电源控制柜内的空气开关（见图5.11），使其处于闭合状态；

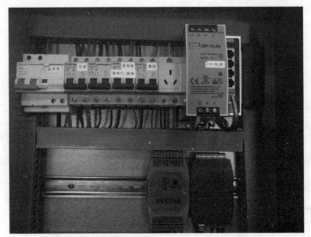

图5.11　机器人室电源控制柜的空气开关

b）用验电笔检测供电是否正常；

c）将电源控制柜的空气开关断开，确保控制柜断电，然后检查线路是否松动老化，若存在老化松动，立即更换线路；

d）用充电房自带的遥控器控制机器人室门的开关，若使用遥控器未能正常开关机器人室门，那么可以断定机器人室控制柜相应线路和器件出现问题，应立即进行检修。

（4）注意事项：涉及线路和器件更换的，需联系机器人厂家。

（5）故障等级：★★★★☆。

问题2：机器人充电室照明系统异常

（1）故障现象：

a）照明系统日光灯管无法开启；

b）照明系统日光灯管间接性闪烁。

（2）原因分析：

a）供电线路异常；

b）日光灯管本身异常；

c）日光灯管接触不良。

（3）处理方法：

a）合上电源控制柜内的空气开关，使其处于闭合状态。

b）用验电笔检测供电是否正常。

c）将电源控制柜的空气开关断开，确保控制柜断电，然后检查线路是否松动老化。若存在老化松动，立即更换线路。

d）检查机器人室照明开关是否有裂纹、污垢、水渍。如果有裂纹请更换开关，如果有其他情况则对机器人室断电后进行清洁。

e）在确保断电的情况下，检查日光灯灯管。若出现灯管老化等设备损坏的情况，应立即更换灯管。

（4）注意事项：无。

（5）故障等级：★。

问题3：充电桩充电异常

（1）故障现象：

机器人充电成功后充电桩库仑计显示充电电流小。

（2）原因分析：

a）充电桩未上电；

b）机器人充电触头氧化；

c）机器人充电桩铜片氧化。

（3）处理方法：

a）排查机器人充电室控制箱线路，确保无短路现象后给充电桩上电；

b）检查机器人充电触头是否氧化，并做去氧化处理；

c）检查充电桩的充电片表面是否有氧化或粉尘覆盖（见图5.12），做好去氧化和清理工作。

（4）注意事项：勿带电操作。

（5）故障等级：★★☆。

图5.12　充电桩的充电片氧化覆灰

问题4：机器人通信系统故障处理

（1）故障现象：

a）通信基站至光纤收发器的网络异常；

b）光纤收发器至交换机的网络异常；

c）交换机至机器人充电室网络异常；

d）交换机至监控系统网络异常。

（2）原因分析：

a）IP可能重置；

b）供电线路可能异常；

c）设备本身可能异常。

（3）处理方法：

a）通信基站至光纤收发器的网络出现异常时，检查通信基站的供电电源是否正常；若供电电源正常，检查通信基站本身设备是否出现异常；若设备损坏，则该更换设备并重新设置相关参数。若设备与电源模块均正常，则检查光纤收发器至交换机的网线；若网线异常，则立即插拔网线或更换网线。

b）光纤收发器至交换机的网络出现异常时，检查光纤收发器的电源模块是否正常；若供电电源正常，检查光纤收发器本身设备是否出现异常；若设备损坏，则应该立即更换设备。若设备与电源模块均正常，则检查光纤收发器至交换机的网线；若网线异常，则立即插拔网线或更换网线。

c）交换机至机器人充电室网络出现异常时，机器人无法通过网络控制机器人充电室，无法接受微气象信息，应检查交换机所在模块的电源是否正常；若供电电源正常，检查交换机本身设备是否出现异常；若设备损坏，则立即更换设备。若设备与电源模块均正常，则检查交换机至机器人充电室的网线；若网线异常，则立即插拔网线或更换网线。

d）交换机至监控系统网络出现异常时，首先检查监控系统的IP是否设置为手动获取（见图5.13），IP地址是否与其他网络处在同一网段内，若不在同一网段内，手动修改IP地址，设置成同一网段内。

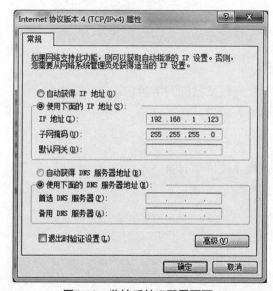

图5.13　监控系统IP配置页面

e）当机器人和其他设备处于同一网段内时，WIN+R打开并运行，输入cmd，打开命令提示符，ping通信基站IP。当ping命令不通时，则检查交换机所在的控制柜电源模块是否有问题，是否存在空气开关跳闸等情况。当交换机端供电不存在问题，则立即插拔网线或更换网线，排查是否为网线问题。

注意事项：无。

故障等级：★★★☆。

问题5：微气象设备故障处理

（1）故障现象：

a）监控系统无法显示微气象提供的信息；

b）微气象监控设备外观破损。

（2）原因分析：

a）微气象未正常供电；

b）监控系统与微气象设备通信异常；

c）微气象设备本身异常。

（3）处理方法：

a）检查通信基站输入端电压是否正常，若不正常，则更换电源线；

b）将电源控制柜的空气开关断开，确保控制柜断电，然后检查线路是否松动老化。若存在老化松动，则立即更换线路；

c）用调试软件检查微气象各项参数，若出现重置则需要更正；

d）检查微气象与机器人充电室控制柜内的通信线路是否正常；

e）当供电系统正常，线路正常，把微气象断电并重启。断电以后等设备冷却再重启设备，若微气象仍旧异常，则进行设备的修理或更换。微气象属于精密设备，请勿擅自拆装设备。

（4）注意事项：微气象调试需联系厂家，电源的更换需要严格依照微气象说明书进行。

（5）故障等级：★★★。

附录 1　机器人日常维护检查项目卡（运维人员）

运维班		年　月　日		
项目		具体检查内容	是	否
机器人本体检查	外壳检查	机器人表面没有明显的凹痕、划伤、裂缝、变形和污渍；表面喷漆色泽均匀，没有起泡、龟裂、脱落和磨损现象；金属零部件无锈蚀；文字标识清晰、完整		
		机器人外壳密封完好，无漏水现象		
	底盘及云台执行机构检测	机器人行走、转弯、后退等底盘单元正常		
		机器人轮胎无严重磨损、老化等情况、轮胎无异常		
		机器人云台左右旋转、上下俯仰等运行正常		
充电房检查	照明灯检查	充电房照明灯可以正常开启		
	空调检查	充电房空调功能正常，温度在正常范围		
	卷帘门检查	卷帘门能够正常彻底开启和关闭，声音无异常		
	充电座检查	充电座充电极铜片无松动、氧化、磨损严重、破裂等现象		
		充电座电源线无老化、破裂等现象，连接良好		
客户端检查	巡检机器人在地图内的定位正确			
	巡检机器人视频显示正常			
	巡检机器人状态数据和巡检计划数据正常			
	运维站客户端可以正确连接到各个厂站			
	机器人运行日志数据刷新正常，异常、缺陷已确认			
	运维站硬盘剩余容量充足			
	变电站微气象数据显示正常			
其他				

附录 2　机器人异常记录卡

序号	变电站	问题及异常描述	发现时间	发现人	处理情况	处理时间	备注
1							
2							
3							
4							
5							
6							
7							
8							
9							
10							

附录 3　机器人现场维保记录卡

编号：厂家-年-月-编号

运维班		变电站	
维保时间		维保单位	
故障及异常情况			
处理情况描述			
遗留问题			
备注			
维保人员：		工作负责人：	

附录4 机器人例行维护项目卡（维保人员）

运维班		年　月　日		
设备		具体检查内容	是	否
巡检机器人本体检查	外壳检查	检查机器人表面是否有明显的凹痕、划伤、裂缝、变形和污渍；表面喷漆应色泽均匀，不应有起泡、龟裂、脱落和磨损现象；金属零部件不应有锈蚀；文字标识应清晰、完整		
		检查机器人外壳密封是否完好，查看是否存在漏水痕迹，消除不安全因素		
		检查机器人的零部件是否匹配牢固，连接是否可靠，各螺栓有无松动		
	底盘及云台执行机构检测	通过遥控检查机器人行走、转弯、后退等底盘单元正常		
		检查巡检机器人应能自动探测障碍物，遇到障碍物及时停车，并报警		
		检查巡检机器人停障反应距离是否正常		
		检查机器人轮胎磨损、老化是否严重，轮胎有无凸包等异常情况		
		通过遥控检查机器人云台左右旋转、上下俯仰等运行正常		
	传感模块检测	检查里程计数据正常		
		检查惯性导航模块数据正常		
		检查激光雷达传感模块安装螺钉是否松动，安装姿态是否有偏差，传感部位是否有异物，并确认传感模块数据正常		
		检查高清摄像头视频是否流畅清晰		
		检查红外热像仪视频及数据正常		
		检查碰撞开关及急停状态数据正常		
		检查机器人采集的电池电压数据是否正常		
		检查激光（RFID）数据正常		
	电池容量检查	检查电池外观是否正常、有无发热等异常现象		
		在机器人完全充满状态下启动巡检任务，记录起始电压及终止电压，分析电压是否满足实际的需要，查看电池容量是否满足机器人正常巡检所需，及时更换老化的电池		

续表

运维班			年　月　日		
设备		具体检查内容		是	否
充电房检查	照明灯检查	检查充电房照明灯是否可正常开启和关闭			
	空调检查	检查充电房空调是否能正常启动，温度是否正常			
	卷帘门检查	检查卷帘门外观、喷漆等有无损坏			
		人为通过钥匙旋钮控制卷帘门，是否能够正常开启和关闭，声音有无异常，并检查能否开启和关闭到位			
		切换到自动模块，通过机器人控制卷帘门，检查能否自动控制			
		检查卷帘门限位开关信号是否正常			
	充电座检查	检查充电座充电极铜片是否存在松动、氧化、磨损、破裂、水质等现象			
		检查充电座电源线是否存在老化、破裂等现象，是否连接良好			
		检查手动充电和自动充电是否正常			
		多次进行充电命令实验，检查充电是否正常			
网络检查		检查机器人系统各设备IP是否正常设置，能否ping通			
		检查运维站客户端是否连接到各个厂站			
		检查机器人本体后台操作系统、数据库、集控系统是否进行加密设置			
		检查机器人本体通信设备、网络设备、端口服务等是否进行加密设置			
		检查机器人辅助通信设备，如户外AP、防火墙、充电房等是否进行加密设置			
客户端检查		检查巡检机器人在地图内的定位是否正常			
		检查巡检机器人视频是否正常			
		检查巡检机器人状态数据是否正常			
		检查巡检机器人巡检数据是否正常			
		检查巡检机器人运行地图是否对应所在变电站的实际地图			
		检查拍摄效果符合正常运维需要			
		检查运维站运行日志、运行数据是否出现异常、缺陷现象			
		检查运维站硬盘容量是否已满			
		检查变电站微气象数据显示是否正常			
转运检查（选填）		检查机器人运载车及可调配斜坡是否到位，是否停驶于指定位置			
		检查可调配斜坡是否良好，机器人可否正常上下			
		机器人在运载车上就位后，检查机器在运载车上有无固定措施，判断是否牢固、安全			
		运载车到达待巡检变电站后，检查运维车是否停靠在指定位置			
		机器人下运维车后，检查是否连接上该变电站无线网络，地图是否下载成功			
其他					

附录5　机器人标准巡检点位库

序号	设备类型	小类设备	点位名称	识别类型	表计类型	发热类型	保存类型
1	主变压器（电抗器）	主变压器（电抗器）本体	主变压器（电抗器）全景（正面）	红外测温+设备外观查看（可见光图片保存）		电流致热型	红外+可见光图片
2	主变压器（电抗器）	主变压器（电抗器）本体	主变压器（电抗器）全景（背面）	红外测温+设备外观查看（可见光图片保存）		电流致热型	红外+可见光图片
3	主变压器（电抗器）	主变压器（电抗器）本体	主变压器（电抗器）全景（左面）	红外测温+设备外观查看（可见光图片保存）		电流致热型	红外+可见光图片
4	主变压器（电抗器）	主变压器（电抗器）本体	主变压器（电抗器）全景（右面）	红外测温+设备外观查看（可见光图片保存）		电流致热型	红外+可见光图片
5	主变压器（电抗器）	主变压器（电抗器）本体	主变压器（电抗器）地面油污（正面）	设备外观查看（可见光图片保存）			可见光图片
6	主变压器（电抗器）	主变压器（电抗器）本体	主变压器（电抗器）地面油污（背面）	设备外观查看（可见光图片保存）			可见光图片
7	主变压器（电抗器）	主变压器（电抗器）本体	主变压器（电抗器）地面油污（左面）	设备外观查看（可见光图片保存）			可见光图片
8	主变压器（电抗器）	主变压器（电抗器）本体	主变压器（电抗器）地面油污（右面）	设备外观查看（可见光图片保存）			可见光图片

续表

序号	设备类型	小类设备	点位名称	识别类型	表计类型	发热类型	保存类型
9	主变压器（电抗器）	主变压器（电抗器）本体	主变压器（电抗器）本体油位	表计读取	油位表		可见光图片
10	主变压器（电抗器）	主变压器（电抗器）本体	主变压器（电抗器）上层油温表（油枕侧）	表计读取	温度表		可见光图片
11	主变压器（电抗器）	主变压器（电抗器）本体	主变压器（电抗器）上层油温表（有载侧）	表计读取	温度表		可见光图片
12	主变压器（电抗器）	主变压器（电抗器）本体	主变压器（电抗器）绕组油温表	表计读取	温度表		可见光图片
13	主变压器（电抗器）	主变压器（电抗器）本体	主变压器（电抗器）声音检测	声音检测			音视频
14	主变压器（电抗器）	主变压器（电抗器）本体	主变压器（电抗器）铁芯夹件绝缘子	设备外观查看（可见光图片保存）			可见光图片
15	主变压器（电抗器）	主变压器（电抗器）本体端子箱	主变压器（电抗器）本体端子箱	设备外观查看（可见光图片保存）			可见光图片
16	主变压器（电抗器）	主变压器（电抗器）油枕	主变压器（电抗器）油枕（正面）	红外测温+设备外观查看（可见光图片保存）		电流致热型	红外+可见光图片
17	主变压器（电抗器）	主变压器（电抗器）油枕	主变压器（电抗器）油枕（背面）	红外测温+设备外观查看（可见光图片保存）		电流致热型	红外+可见光图片
18	主变压器（电抗器）	主变压器（电抗器）油枕	主变压器（电抗器）油枕（左面）	红外测温+设备外观查看（可见光图片保存）		电流致热型	红外+可见光图片
19	主变压器（电抗器）	主变压器（电抗器）油枕	主变压器（电抗器）油枕（右面）	红外测温+设备外观查看（可见光图片保存）		电流致热型	红外+可见光图片
20	主变压器（电抗器）	主变压器（电抗器）本体气体继电器	主变压器（电抗器）本体气体继电器	设备外观查看（可见光图片保存）			可见光图片

续表

序号	设备类型	小类设备	点位名称	识别类型	表计类型	发热类型	保存类型
21	主变压器（电抗器）	主变压器（电抗器）有载气体继电器	主变压器（电抗器）有载气体继电器	设备外观查看（可见光图片保存）			可见光图片
22	主变压器（电抗器）	主变压器（电抗器）本体呼吸器	主变压器（电抗器）本体呼吸器	设备外观查看（数据自动判断）			可见光图片
23	主变压器（电抗器）	主变压器（电抗器）有载呼吸器	主变压器（电抗器）有载呼吸器	设备外观查看（数据自动判断）			可见光图片
24	主变压器（电抗器）	主变压器（电抗器）有载	主变压器（电抗器）有载油位	表计读取	油位表		可见光图片
25	主变压器（电抗器）	主变压器（电抗器）有载	主变压器（电抗器）有载调压挡位表	表计读取	档位表		可见光图片
26	主变压器（电抗器）	主变压器（电抗器）有载过滤装置柜	主变压器（电抗器）有载过滤装置柜	设备外观查看（可见光图片保存）			可见光图片
27	主变压器（电抗器）	主变压器（电抗器）冷却系统	主变压器（电抗器）1号油流继电器	表计读取	油位表		红外+可见光图片
28	主变压器（电抗器）	主变压器（电抗器）冷却系统	主变压器（电抗器）2号油流继电器	表计读取	油位表		红外+可见光图片
29	主变压器（电抗器）	主变压器（电抗器）冷却系统	主变压器（电抗器）3号油流继电器	表计读取	油位表		红外+可见光图片
30	主变压器（电抗器）	主变压器（电抗器）冷却系统	主变压器（电抗器）4号油流继电器	表计读取	油位表		红外+可见光图片
31	主变压器（电抗器）	主变压器（电抗器）冷却系统	主变压器（电抗器）5号油流继电器	表计读取	油位表		红外+可见光图片

续表

序号	设备类型	小类设备	点位名称	识别类型	表计类型	发热类型	保存类型
32	主变压器（电抗器）	主变压器（电抗器）冷却系统	主变压器（电抗器）6号油流继电器	表计读取	油位表		红外+可见光图片
33	主变压器（电抗器）	主变压器（电抗器）冷却器控制箱	主变压器（电抗器）冷却器控制箱	设备外观查看（可见光图片保存）			可见光图片
34	主变压器（电抗器）	主变压器（电抗器）高压侧A相套管	主变压器（电抗器）高压侧A相套管绝缘子	红外测温+设备外观查看（可见光图片保存）		电压致热型	红外+可见光图片
35	主变压器（电抗器）	主变压器（电抗器）高压侧A相套管	主变压器（电抗器）高压侧A相套管引线接头	红外测温+设备外观查看（可见光图片保存）		电流致热型	红外+可见光图片
36	主变压器（电抗器）	主变压器（电抗器）高压侧A相套管	主变压器（电抗器）高压侧A相套管引流线	红外测温+设备外观查看（可见光图片保存）		电流致热型	红外+可见光图片
37	主变压器（电抗器）	主变压器（电抗器）高压侧A相套管	主变压器（电抗器）高压侧A相套管油位	表计读取	油位表		可见光图片
38	主变压器（电抗器）	主变压器（电抗器）高压侧B相套管	主变压器（电抗器）高压侧B相套管绝缘子	红外测温+设备外观查看（可见光图片保存）		电压致热型	红外+可见光图片
39	主变压器（电抗器）	主变压器（电抗器）高压侧B相套管	主变压器（电抗器）高压侧B相套管引线接头	红外测温+设备外观查看（可见光图片保存）		电流致热型	红外+可见光图片
40	主变压器（电抗器）	主变压器（电抗器）高压侧B相套管	主变压器（电抗器）高压侧B相套管引流线	红外测温+设备外观查看（可见光图片保存）		电流致热型	红外+可见光图片

续表

序号	设备类型	小类设备	点位名称	识别类型	表计类型	发热类型	保存类型
41	主变压器（电抗器）	主变压器（电抗器）高压侧B相套管	主变压器（电抗器）高压侧B相套管油位	表计读取	油位表		可见光图片
42	主变压器（电抗器）	主变压器（电抗器）高压侧C相套管	主变压器（电抗器）高压侧C相套管绝缘子	红外测温+设备外观查看（可见光图片保存）		电压致热型	红外+可见光图片
43	主变压器（电抗器）	主变压器（电抗器）高压侧C相套管	主变压器（电抗器）高压侧C相套管引线接头	红外测温+设备外观查看（可见光图片保存）		电流致热型	红外+可见光图片
44	主变压器（电抗器）	主变压器（电抗器）高压侧C相套管	主变压器（电抗器）高压侧C相套管引流线	红外测温+设备外观查看（可见光图片保存）		电流致热型	红外+可见光图片
45	主变压器（电抗器）	主变压器（电抗器）高压侧C相套管	主变压器（电抗器）高压侧C相套管油位	表计读取	油位表		可见光图片
46	主变压器（电抗器）	主变压器（电抗器）高压侧中性点套管	主变压器（电抗器）高压侧中性点套管绝缘子	红外测温+设备外观查看（可见光图片保存）		电压致热型	可见光图片
47	主变压器（电抗器）	主变压器（电抗器）高压侧中性点套管	主变压器（电抗器）高压侧中性点套管油位	表计读取	油位表		红外+可见光图片
48	主变压器（电抗器）	主变压器（电抗器）高压侧中性点接地刀闸	主变压器（电抗器）高压侧中性点接地刀闸	位置状态识别			可见光图片
49	主变压器（电抗器）	主变压器（电抗器）高压侧中性点放电间隙	主变压器（电抗器）高压侧中性点放电间隙	红外测温+设备外观查看（可见光图片保存）		电流致热型	红外+可见光图片

续表

序号	设备类型	小类设备	点位名称	识别类型	表计类型	发热类型	保存类型
50	主变压器（电抗器）	主变压器（电抗器）高压侧中性点避雷器	主变压器（电抗器）高压侧中性点避雷器	设备外观查看（可见光图片保存）			可见光图片
51	主变压器（电抗器）	主变压器（电抗器）高压侧中性点避雷器	主变压器（电抗器）高压侧中性点避雷器泄漏电流表	表计读取	泄漏电流表		可见光图片
52	主变压器（电抗器）	主变压器（电抗器）中压侧A相套管	主变压器（电抗器）中压侧A相套管绝缘子	红外测温+设备外观查看（可见光图片保存）		电压致热型	红外+可见光图片
53	主变压器（电抗器）	主变压器（电抗器）中压侧A相套管	主变压器（电抗器）中压侧A相套管引线接头	红外测温+设备外观查看（可见光图片保存）		电流致热型	红外+可见光图片
54	主变压器（电抗器）	主变压器（电抗器）中压侧A相套管	主变压器（电抗器）中压侧A相套管引流线	红外测温+设备外观查看（可见光图片保存）		电流致热型	红外+可见光图片
55	主变压器（电抗器）	主变压器（电抗器）中压侧A相套管	主变压器（电抗器）中压侧A相套管油位	表计读取	油位表		可见光图片
56	主变压器（电抗器）	主变压器（电抗器）中压侧B相套管	主变压器（电抗器）中压侧B相套管绝缘子	红外测温+设备外观查看（可见光图片保存）		电压致热型	红外+可见光图片
57	主变压器（电抗器）	主变压器（电抗器）中压侧B相套管	主变压器（电抗器）中压侧B相套管引线接头	红外测温+设备外观查看（可见光图片保存）		电流致热型	红外+可见光图片
58	主变压器（电抗器）	主变压器（电抗器）中压侧B相套管	主变压器（电抗器）中压侧B相套管引流线	红外测温+设备外观查看（可见光图片保存）		电流致热型	红外+可见光图片

续表

序号	设备类型	小类设备	点位名称	识别类型	表计类型	发热类型	保存类型
59	主变压器（电抗器）	主变压器（电抗器）中压侧B相套管	主变压器（电抗器）中压侧B相套管油位	表计读取	油位表		可见光图片
60	主变压器（电抗器）	主变压器（电抗器）中压侧C相套管	红外测温+设备外观查看（可见光图片保存）			电压致热型	红外+可见光图片
61	主变压器（电抗器）	主变压器（电抗器）中压侧C相套管	主变压器（电抗器）中压侧C相套管引线接头	红外测温+设备外观查看（可见光图片保存）		电流致热型	红外+可见光图片
62	主变压器（电抗器）	主变压器（电抗器）中压侧C相套管	主变压器（电抗器）中压侧C相套管引流线	红外测温+设备外观查看（可见光图片保存）		电流致热型	红外+可见光图片
63	主变压器（电抗器）	主变压器（电抗器）中压侧C相套管	主变压器（电抗器）中压侧C相套管油位	表计读取	油位表		可见光图片
64	主变压器（电抗器）	主变压器（电抗器）中压侧中性点套管绝缘子	主变压器（电抗器）中压侧中性点套管绝缘子	红外测温+设备外观查看（可见光图片保存）		电压致热型	红外+可见光图片
65	主变压器（电抗器）	主变压器（电抗器）中压侧中性点套管油位	主变压器（电抗器）中压侧中性点套管油位	表计读取	油位表		可见光图片
66	主变压器（电抗器）	主变压器（电抗器）中压侧中性点接地刀闸	主变压器（电抗器）中压侧中性点接地刀闸	位置状态识别			可见光图片
67	主变压器（电抗器）	主变压器（电抗器）中压侧中性点放电间隙	主变压器（电抗器）中压侧中性点放电间隙	红外测温+设备外观查看（可见光图片保存）		电流致热型	红外+可见光图片

序号	设备类型	小类设备	点位名称	识别类型	表计类型	发热类型	保存类型
68	主变压器（电抗器）	主变压器（电抗器）中压侧中性点避雷器	主变压器（电抗器）中压侧中性点避雷器	设备外观查看（可见光图片保存）			可见光图片
69	主变压器（电抗器）	主变压器（电抗器）中压侧中性点避雷器	主变压器（电抗器）中压侧中性点避雷器泄漏电流表	表计读取	泄漏电流表		可见光图片
70	主变压器（电抗器）	主变压器（电抗器）低压侧A相套管	主变压器（电抗器）低压侧A相套管绝缘子	红外测温+设备外观查看（可见光图片保存）		电压致热型	红外+可见光图片
71	主变压器（电抗器）	主变压器（电抗器）低压侧A相套管	主变压器（电抗器）低压侧A相套管引线接头	红外测温+设备外观查看（可见光图片保存）		电流致热型	红外+可见光图片
72	主变压器（电抗器）	主变压器（电抗器）低压侧A相套管	主变压器（电抗器）低压侧A相套管引流线	红外测温+设备外观查看（可见光图片保存）		电流致热型	红外+可见光图片
73	主变压器（电抗器）	主变压器（电抗器）低压侧A相套管	主变压器（电抗器）低压侧A相套管油位	表计读取	油位表		可见光图片
74	主变压器（电抗器）	主变压器（电抗器）低压侧B相套管	主变压器（电抗器）低压侧B相套管绝缘子	红外测温+设备外观查看（可见光图片保存）		电压致热型	红外+可见光图片
75	主变压器（电抗器）	主变压器（电抗器）低压侧B相套管	主变压器（电抗器）低压侧B相套管引线接头	红外测温+设备外观查看（可见光图片保存）		电流致热型	红外+可见光图片
76	主变压器（电抗器）	主变压器（电抗器）低压侧B相套管	主变压器（电抗器）低压侧B相套管引流线	红外测温+设备外观查看（可见光图片保存）		电流致热型	红外+可见光图片

续表

序号	设备类型	小类设备	点位名称	识别类型	表计类型	发热类型	保存类型
77	主变压器（电抗器）	主变压器（电抗器）低压侧B相套管	主变压器（电抗器）低压侧B相套管油位	表计读取	油位表		可见光图片
78	主变压器（电抗器）	主变压器（电抗器）低压侧C相套管	主变压器（电抗器）低压侧C相套管绝缘子	红外测温+设备外观查看（可见光图片保存）		电压致热型	红外+可见光图片
79	主变压器（电抗器）	主变压器（电抗器）低压侧C相套管	主变压器（电抗器）低压侧C相套管引线接头	红外测温+设备外观查看（可见光图片保存）		电流致热型	红外+可见光图片
80	主变压器（电抗器）	主变压器（电抗器）低压侧C相套管	主变压器（电抗器）低压侧C相套管引流线	红外测温+设备外观查看（可见光图片保存）		电流致热型	红外+可见光图片
81	主变压器（电抗器）	主变压器（电抗器）低压侧C相套管	主变压器（电抗器）低压侧C相套管油位	表计读取	油位表		可见光图片
82	主变压器（电抗器）	主变压器（电抗器）低压侧穿墙套管	主变压器（电抗器）低压侧穿墙套管A相	红外测温+设备外观查看（可见光图片保存）		电流致热型	红外+可见光图片
83	主变压器（电抗器）	主变压器（电抗器）低压侧穿墙套管	主变压器（电抗器）低压侧穿墙套管B相	红外测温+设备外观查看（可见光图片保存）		电流致热型	红外+可见光图片
84	主变压器（电抗器）	主变压器（电抗器）低压侧穿墙套管	主变压器（电抗器）低压侧穿墙套管C相	红外测温+设备外观查看（可见光图片保存）		电流致热型	红外+可见光图片
85	主变压器（电抗器）	主变压器（电抗器）低压侧穿墙套管	主变压器（电抗器）低压侧穿墙套管A相接头	红外测温+设备外观查看（可见光图片保存）		电流致热型	红外+可见光图片

续表

序号	设备类型	小类设备	点位名称	识别类型	表计类型	发热类型	保存类型
86	主变压器（电抗器）	主变压器（电抗器）低压侧穿墙套管	主变压器（电抗器）低压侧穿墙套管B相接头	红外测温+设备外观查看（可见光图片保存）		电流致热型	红外+可见光图片
87	主变压器（电抗器）	主变压器（电抗器）低压侧穿墙套管	主变压器（电抗器）低压侧穿墙套管C相接头	红外测温+设备外观查看（可见光图片保存）		电流致热型	红外+可见光图片
88	主变压器（电抗器）	主变压器（电抗器）油色谱在线监测装置柜	主变压器（电抗器）油色谱在线监测装置柜	设备外观查看（可见光图片保存）			可见光图片
89	主变压器（电抗器）	主变压器（电抗器）油色谱在线监测装置柜	主变压器（电抗器）油色谱在线监测装置接头	设备外观查看（可见光图片保存）			可见光图片
90	主变压器（电抗器）	电抗器低压侧中性点避雷器	主变压器（电抗器）低压侧中性点避雷器	设备外观查看（可见光图片保存）			可见光图片
91	主变压器（电抗器）	电抗器低压侧中性点避雷器	主变压器（电抗器）低压侧中性点避雷器泄漏电流表	表计读取	泄漏电流表		可见光图片